土建施工验收技能实战应用图解丛书

混凝土工程施工与验收实战应用图解

本书编委会　编

中国建筑工业出版社

图书在版编目（CIP）数据

混凝土工程施工与验收实战应用图解/《混凝土工程施工与验收实战应用图解》编委会编. —北京：中国建筑工业出版社，2017.8（2022.11 重印）
（土建施工验收技能实战应用图解丛书）
ISBN 978-7-112-20890-6

Ⅰ.①混… Ⅱ.①混… Ⅲ. ①混凝土施工-图解 ②混凝土施工-工程验收-图解 Ⅳ.①TU755-64

中国版本图书馆 CIP 数据核字（2017）第 147113 号

本书内容共 5 章，包括现浇混凝土结构分项工程施工；现浇混凝土结构验收；装配式混凝土结构分项工程施工；装配式混凝土结构分项工程验收；实例解析。

本书适合于高职高专、大中专土木工程类学生及土木工程技术与管理人员参考使用。

责任编辑：张　磊　万　李
责任设计：李志立
责任校对：焦　乐　李欣慰

土建施工验收技能实战应用图解丛书
混凝土工程施工与验收实战应用图解
本书编委会　编

*

中国建筑工业出版社出版、发行（北京海淀三里河路 9 号）
各地新华书店、建筑书店经销
霸州市顺浩图文科技发展有限公司制版
北京建筑工业印刷厂印刷

*

开本：787×1092 毫米　1/16　印张：9½　字数：228 千字
2017 年 10 月第一版　　2022 年 11 月第二次印刷
定价：**45.00** 元

ISBN 978-7-112-20890-6
(39405)

本书编委会

前　言

为了认真贯彻执行《混凝土结构工程施工质量验收规范》的要求及《关于大力发展装配式建筑的指导意见》（国办发〔2016〕71号）的文件精神，特地为高职高专、大中专土木工程类学生及土木工程技术与管理人员编写的培训教材。

本书内容共5章，包括现浇混凝土结构分项工程施工；现浇混凝土结构验收；装配式混凝土结构分项工程施工；装配式混凝土结构分项工程验收；实例解析。详细讲解了现浇结构的施工工艺、现浇结构的规范标准、现浇结构的质量验收要求、装配式混凝结构的基本规定、装配式混凝土结构的钢筋、模板、混凝土预制构件的施工技术要求以及各分项工程的质量验收标准，并对混凝土结构施工中成品保护、安全文明和绿色施工进行了详细介绍。

通过学习本书，你会发现以下优点：

1. 本书系统地介绍了施工现场现浇混凝土结构和装配式混凝土结构工程的具体施工工艺方法，以图文并茂的形式展现了混凝土结构施工过程中常见的施工形态，让初学者快速入门，学而不厌，快速掌握现浇结构、装配式结构的现场施工管理要点。

2. 注重培养应用型实践人才，增强施工现场作业内容与规范标准的契合度，促进工程技术管理人员综合管理水平。

本书由北京城建北方建设有限责任公司赵志刚担任主编，由北京城建一建设发展有限公司孙莉担任第二主编；由广东重工建设监理有限公司刘琰、北京城建一建设发展有限公司李小霞、广西良凤江置业有限公司张昌生、浙江宝盛建设集团有限公司章泽锋担任副主编。由于编者水平有限，书中难免有不妥之处，欢迎广大读者批评指正，意见及建议可发送至邮箱 bwhzj1990@163.com。

目　　录

第 1 章　现浇混凝土结构分项工程施工

1.1　一般规定

在现场支模并整体浇筑而成的混凝土结构，简称现浇结构。

现浇结构分项工程是拆除模板后的混凝土结构实物外观质量、几何尺寸检验等一系列技术工作的总称。

混凝土浇筑前应完成下列工作：

（1）隐蔽工程验收和技术复核。

（2）对操作人员进行技术交底。

（3）根据施工方案中的技术要求，检查并确认施工现场具备实施条件。

（4）施工单位应填报浇筑申请单，并经监理单位签认。

浇筑前应检查混凝土送料单，核对混凝土配合比，确认混凝土强度等级，检查混凝土运输时间，测定混凝土坍落度，必要时还应测定混凝土扩展度，在确认无误后再进行混凝土浇筑。

混凝土拌合物入模温度不应低于 5℃，且不应高于 35℃。

混凝土运输、输送、浇筑过程中严禁加水；混凝土运输、输送、浇筑过程中散落的混凝土严禁用于结构浇筑。

混凝土应布料均衡。应对模板及支架进行观察和维护，发生异常情况应及时进行处理。混凝土浇筑和振捣应采取防止模板、钢筋、钢构、预埋件及其定位件移位的措施。

混凝土结构工程各工序的施工，应在前一道工序质量检查合格后进行。

在混凝土结构工程施工过程中，应及时进行自检、互检和交接检，其质量不应低于现行国家标准《混凝土结构工程施工质量验收规范》GB 50204—2015 的有关规定。对检查中发现的质量问题，应及时处理。

在混凝土结构施工过程中，对隐蔽工程应进行验收，对重要工序和关键部位应加强质量检查或进行测试，并应做出详细记录，同时宜留存图像资料。

混凝土结构工程施工使用的材料、产品和设备，应符合国家现行有关标准、设计文件和施工方案的规定。

原材料、半成品和成品进场时，应对其规格、型号、外观和质量证明文件进行检查，并应按现行国家标准《混凝土结构工程施工质量验收规范》GB 50204—2015 等的有关规定进行检验。对来源稳定且连续检验合格，或经产品认证符合要求的产品，进场时可按本规范的有关规定放宽检验。

材料进场后，应按种类、规格、批次分开贮存与堆放，并应标识明晰。贮存与堆放条件不应影响材料品质。

混凝土结构施工前，施工单位应制定检测和试验计划，并应经监理（建设）单位批准后实施。监理（建设）单位应根据检测和试验计划制定见证计划。

施工中为各种检验目的所制作的试件应具有真实性和代表性，并应符合下列规定：

（1）所有试件均应及时进行唯一性标识。

（2）混凝土试件的抽样方法、抽样地点、抽样数量、养护条件、试验龄期应符合现行国家标准《混凝土结构工程施工质量验收规范》（GB 50204—2015）、《混凝土强度检验评定标准》（GB/T 50107—2010）的规定；其制作要求、试验方法应符合现行国家标准《普通混凝土力学性能试验方法标准》（GB/T 50081—2002）等的规定。

（3）钢筋试件、预应力筋试件的抽样方法、抽样数量、制作要求和试验方法等应符合国家现行有关标准的规定。

施工现场应设置足够的平面和高程控制点作为确定结构位置的依据，其精度应符合规划、设计要求和施工需要，并应防止扰动。

施工工艺流程，如图 1-1 所示。

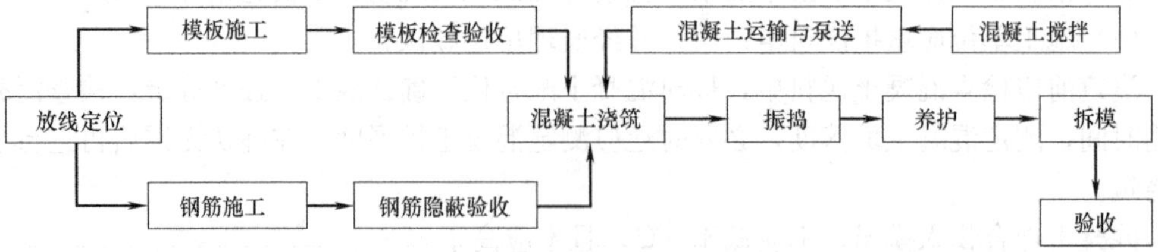

图 1-1　施工工艺流程

1.2　混凝土施工工序

1.2.1　施工工序

1. 采用现场搅拌混凝土的施工工序：

作业准备→原材料计量→混凝土搅拌→混凝土运输→混凝土浇筑及振捣→混凝土收面→混凝土养护。

2. 采用商品混凝土的施工工序：

商品混凝土搅拌→商品混凝土运输→混凝土浇筑及振捣→混凝土收面→混凝土养护。

1.2.2　人员准备

混凝土浇筑时配置的基本工种见表 1-1。通常在浇筑混凝土时还需要木工、钢筋工、安装工的配合。其中木工负责看护模板及其支撑体系，有异常时及时通知混凝土工停止施工；钢筋工负责看护钢筋并将移位的钢筋恢复原状；安装工负责看护安装预埋管线、线盒。

混凝土工人员准备一览表　　表 1-1

序号	工种	职　责
1	泵手	操作地泵并与放灰工、现场指挥密切配合
2	放灰工	控制放灰速度，并与泵手密切配合，防止打空泵或混凝土溢缸
3	耙平工	负责混凝土初步耙平
4	移泵管工	负责拆接泵管和布料机
5	振捣工	负责混凝土振捣密实
6	收面工	负责混凝土收面及覆盖养护

1.2.3　技术准备

混凝土开盘前，由施工员和班组长组织对混凝土工人进行交底，明确混凝土强度等级、浇筑顺序、浇筑方法、安全、质量控制要点等，并签字存档。交底时要明确收面标准，对于直接施工防水层的区域收光面，如地下室顶板、屋面等结构，其他部位通常收毛面，具体的以技术交底为准。当涉及图纸等专业性较强的交底时，可在会议室利用投影仪进行交底，交底宜简单明了，语言尽量口语化，让工人知道操作要点即可。

1.2.4　材料准备

（1）采用现场搅拌混凝土时，应提前根据浇筑方量将水泥、砂、石、掺合料、水等贮备充足。

（2）采用商品混凝土的，应根据搅拌站的供应能力选择搅拌站。混凝土浇筑前应提前报送浇筑计划，让商品混凝土搅拌站有充足的时间准备原材料。

（3）现场配置减水剂，当实测坍落度过小（坍落度小于 100mm），表现为混凝土基本不流动，由混凝土班组长及时反馈给现场管理人员进行确认后，由搅拌站实验人员进行调配，严禁向罐车内直接加水二次搅拌。

（4）水平结构混凝土养护一般使用塑料薄膜、棉毡，塑料薄膜覆盖时搭接 2～5cm，大体积混凝土、冬期施工时采用棉毡，搭接宽度 5cm，注意防火；竖向结构采用喷涂养护液或挂棉毡湿水养护，竖向结构拆模后及时喷涂 1～2 遍，以满涂、不漏涂为准。雨期施工时应准备彩条布、雨衣、雨鞋等。冬期施工时应准备彩条布、棉被等（塑料薄膜规格：1m×150m，彩条布规格：6m×50m、8m×80m，根据规格和所需面积准备材料）。

（5）作业准备

1）浇筑前检查墙柱根部是否封堵严密，不严密时用 1∶2 水泥砂浆提前 1d 进行封堵，砂浆封堵做成高 3cm、底宽 6cm 的三角状，以压住模板 1cm 为准，如图 1-2～图 1-4 所示。

图 1-2　墙柱根部压脚板封堵

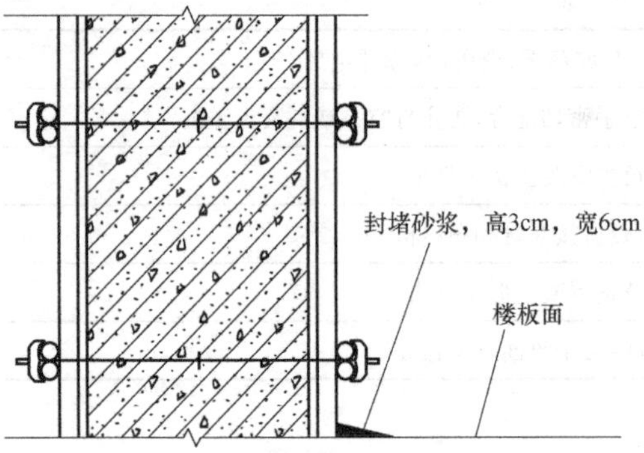

图 1-3　墙柱根部砂浆封堵示意图

图 1-4　墙柱根部砂浆封堵实景图

2）浇筑前应提前浇水湿润模板，均匀洒水，减少混凝土中水分流失，模板面不得有积水，不得向墙柱子内冲水，避免柱根积水，浇筑砂浆时水泥和砂分离。

3）梁板模板内的杂物容易被冲进墙柱内，若墙柱提前合模，垃圾堆积在墙柱内，造成夹渣等质量问题。所以墙柱根部一般预留清扫口，此清扫口在清除杂物后再封闭，浇筑前检查预留清扫口是否封闭，防止流灰，如图 1-5 所示。

图 1-5　柱子预留清扫口

4）柱、剪力墙根部、施工缝等部位松散混凝土需剔除干净，剔除浮浆的标准为：漏出表层的石子，并清扫干净。混凝土终凝后开始剔凿，禁止在初凝时用钢筋拉毛，如图 1-6 所示。

图 1-6　接槎部位的根部浮浆剔除

5）地泵提前检查，汽车泵提前联系，汽车泵的臂长根据架设汽车泵的地点和浇筑地点之间的距离选择，尽可能多的覆盖浇筑面。汽车泵常用型号的臂长为 42m、45m、48m、50m、52m、56m、60m。

6）泵管应在混凝土浇筑前按照施工部署架设完毕并加固牢靠。长期使用的泵管可使用混凝土墩固定，穿楼层泵管可使用井字架固定，穿预留洞口的泵管四周用木枋固定，如图1-7、图1-8所示。

图1-7　混凝土墩固定泵管

图1-8　钢管架体固定泵管

7）放钢筋上部的泵管，泵管下部必须垫上废旧轮胎或木方等缓冲材料，以防止在泵管来回抖动时损坏钢筋，轮胎间距不大于3m（1根泵管长），泵管转角处必须放置轮胎，轮胎数量不足时，可以选用木枋代替，如图1-9、图1-10所示。

图1-9　泵管下垫轮胎

图1-10　泵管下垫木枋

8）使用布料机时应提前对布料机下部的模板支架采取加强措施，同时使用缆风绳将布料机与大梁固定牢靠，支腿下垫混凝土垫块，防止板底露筋，如图1-11、图1-12所示。

9）提前将混凝土面的结构标高控制点1m标高点做好，由测量员进行打点，用油漆或双面胶带标示，混凝土工查点，以便于带线，如图1-13所示。

10）在过人通道处铺设马道，以免踩踏钢筋，此马道在混凝土浇筑时随浇随退，钢筋较小时采用钢筋篦子马凳，如图1-14所示。

图 1-11　布料机缆风绳固定

图 1-12　布料机支腿下垫混凝土垫块

图 1-13　结构 1m 线

11）为防止泵管接头处漏浆造成对模板的污染，可在浇筑层泵管接头的下面垫上彩条布。工人倾倒堵管的泵管内混凝土时，不能随意倾倒在楼板上，避免形成局部混凝土冷缝，如图 1-15 所示。

图 1-14　施工马道

图 1-15　在泵管接头处垫上彩条布

1.3 机械与设备

（1）混凝土施工过程中使用的主要机械与设备见表1-2。

机械设备一览表 **表1-2**

序号	名　称	备　注
1	汽车泵	数量根据施工部署确定
2	地泵	数量根据施工部署确定
3	布料机	数量根据地泵数量确定
4	泵管	数量根据布管路线确定
5	混凝土搅拌机	数量根据施工部署确定
6	插入振动棒	用于结构内部混凝土振捣，长度根据实际情况确定
7	附着式振动器	用于结构内部混凝土振捣，功率根据实际情况确定
8	表面振动器	用于厚度较小的楼板混凝土振捣，功率根据实际情况确定
9	配电箱	供给现场施工和照明的临时用电
10	镝灯	夜间照明使用
11	铁锹	将成堆的混凝土铲平
12	拨铲	配合铁锹使用，将混凝土铺摊均匀
13	刮尺	混凝土收面时控制板面平整度
14	汽油振平尺	用于混凝土收面和板面平整度控制(可根据实际情况选择使用)
15	铁抹子	用于混凝土收面
16	搓板	有小搓板和大搓板，小搓板用于小范围的收面，大搓板用于大范围的收面
17	磨光机	用于混凝土面收光或收毛

（2）混凝土施工过程中使用的主要机械与设备实物示意如图1-16～图1-26所示。

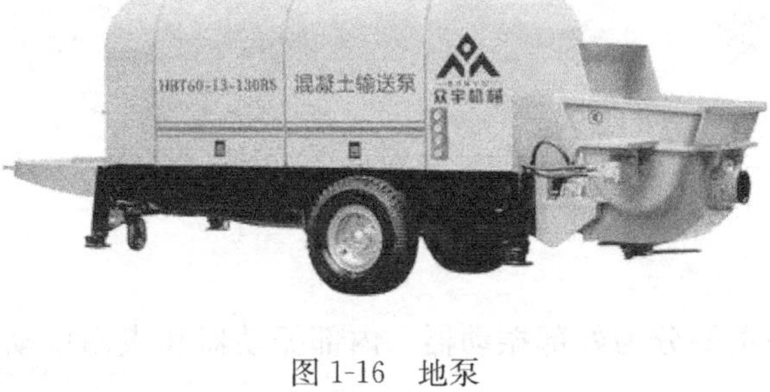

图1-16　地泵

图1-17　混凝土搅拌机

图 1-18　移动式配电箱

图 1-19　汽油振平尺

图 1-20　镝灯

图 1-21　磨光机

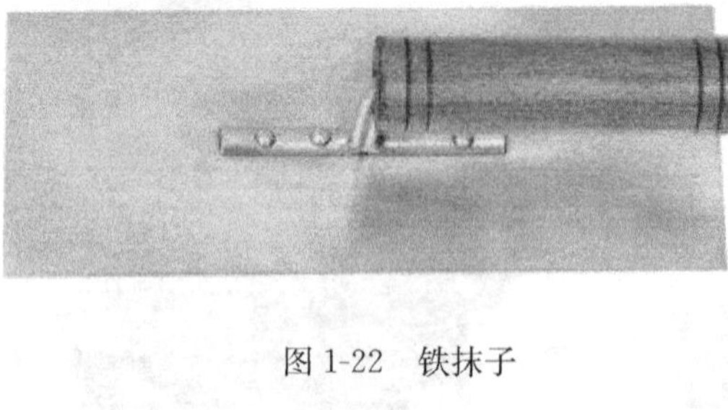

图 1-22　铁抹子

图 1-23　刮尺

1.3.1　混凝土振动设备

振动设备的分类：混凝土振动设备主要分为外部振动器、内部振动器和表面振动器三类。

图 1-24　铁锹

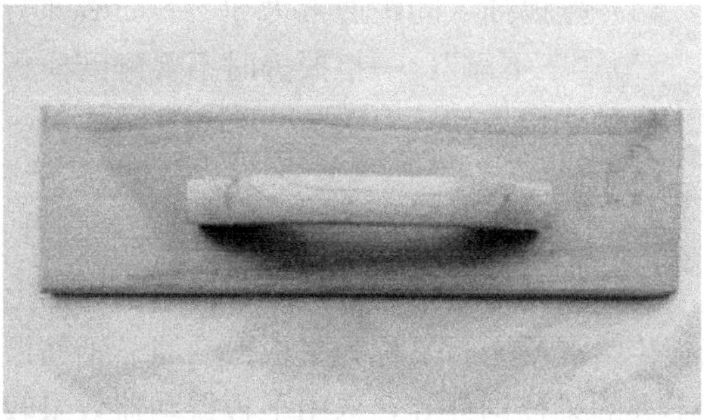

图 1-25　搓板

1.3.2　外部振动器

外部振动器又称附着式振动器，振动器产生的振动波通过底板与模板间接地传给混凝土。混凝土较薄或钢筋稠密的结构，以及不宜使用插入式振动器的地方，可选用外部振动器。

图 1-26　自制大搓板

外部振动器多用于薄壳构件、空心板梁、拱肋、T 形梁、斜屋面的施工。采用外部振动器振捣混凝土应符合下列规定：

（1）外部振动器应与模板紧密相连，设置间距应通过试验确定。

（2）外部振动器应根据混凝土的浇筑高度和速度，依次从下往上振捣。

（3）模板上同时采用多个外部振动器时应使各振动器的频率一致，并应交错设置在相对面的模板上。

1.3.3　内部振动器

内部振动器又称插入式振动器，振动棒的长度根据浇筑的竖向结构的高度选择。一般适用于大体积、竖向结构、梁混凝土的振捣。

振动棒的长度一般为 4m、6m、8m、10m，直径一般为 50mm、30mm，根据浇筑混凝土的部位和浇筑的构件进行选用。在实际操作中应选用低频、振幅大的插入式振动器来振捣骨料颗粒大而光滑的混凝土。

选用振动棒长度≥墙柱高＋3m（工人操作长度），保证墙柱根部振捣到位。

混凝土振捣应掌握以下要领：垂直插入、快插、慢拔、“三不靠”等。

（1）快插慢拔，以免在混凝土中留下空隙。

（2）每次插入振捣时间为 20～30s 左右，并以混凝土不再下沉、不出现气泡、开始泛浆为准。

（3）振捣时振动器应插入下层混凝土不小于 5cm，以便加强上下层混凝土结合。

（4）振捣插入间距通常为 30～50cm，防止漏振。

（5）“三不靠”：一指振捣时不要碰到模板；二指振捣时尽量不要碰到钢筋；三指振捣时不要触碰预埋件。

1.3.4 表面振动器

表面振动器是将它直接放在混凝土表面上，振动器产生的振动波通过与之固定的振动底板传给混凝土，又称为平板振动器。钢筋混凝土预制构件厂生产的空心楼板、平板及厚度不大的梁柱构件等，选用平板振动器效果较好，增加二次振捣，减小内部裂缝。

使用表面振动器振捣混凝土应符合下列规定：

（1）表面振动器振捣应覆盖振捣平面的边角。

（2）表面振动器移动间距应覆盖已振实部分混凝土边缘。

（3）倾斜表面振捣时，应由低处向高处振捣。

1.3.5 水平运输设备

1. 手推车

手推车是施工工地上普遍使用的水平运输工具，手推车具有小巧、轻便等特点，不但适用于一般的地面水平运输，还能在脚手架、施工栈道上使用；也可与塔吊、井、架等配合使用，解决垂直运输。

2. 机动翻斗车

系用柴油机装配而成的翻斗车，功率 7355W，最大行驶速度达 35km/h。车前装有容量为 400L、载重 1000kg 的翻斗。具有轻便灵活、结构简单、转弯半径小、速度快、能自动卸料、操作维护简便等特点。适用于短距离水平运输混凝土以及砂、石等散装材料。

3. 混凝土搅拌输送车

混凝土搅拌输送车是一种用于长距离输送混凝土的高效能机械，它是将运送混凝土的搅拌筒安装在汽车底盘上，而以混凝土搅拌站生产的混凝土拌合物灌装入搅拌筒内，直接运至施工现场，供浇筑作业需要。在运输途中，混凝土搅拌筒始终在不停地慢速转动，从而使筒内的混凝土拌合物可连续得到搅动，以保证混凝土通过长途运输后，仍不致产生离析现象。在运输距离很长时，也可将混凝土干料装入筒内，在运输途中加水搅拌，这样能减少由于长途运输而引起的混凝土坍落度损失。

目前常用的混凝土搅拌车及其性能见表 1-3。

混凝土搅拌输送车技术参数参考表 表 1-3

型号项目	JC-2 型	JBC-1.5C	JBC-1.5E	JBC-3T	MR45	MR45-T	MR60-S	TY-3000	TATRA	FV112 JML
拌筒容积(m^3)	5.7				8.9	8.9		5.7	10.25	8.9
搅动能力(m^3)	2	1.5	1.5	3～4.5	6	6	8	5.0	4.5	5.0

续表

型号项目		JC-2型	JBC-1.5C	JBC-1.5E	JBC-3T	MR45	MR45-T	MR60-S	TY-3000	TATRA	FV112 JML
最大搅拌能力(m^3)						4.5	4.5	6			
拌筒尺寸（直径×长）(mm)									2020×2813		2100×3610
拌筒转速(r/min)	运行搅拌		2～4	2～4	2～3	2～4	2～5		2～4		8～12
	进出料搅拌		6～12	8～14	8～12	8～12	8～12		6～12		10～14
卸料时间(min)		1～2	1.3～2	1.1～2	3～5	3～5	3～5	3～6		3～5	2～5
最大行驶速度(km/h)			70			86		96		60	91
最小转弯半径(m)			9					7.8			7.2
爬坡能力(°)			20					26			26
外形尺寸(mm)	长	7400				7780	8615	8465	7440	8400	7900
	宽	2400				2490	2500	2480	2400	2500	2490
	高	3400				3730	3785	3940	3400	3500	3550
重量(t)		12.55				总量24.64	14.4	19.2	9.5	总量22	9.8
产地		上海华东建筑机械厂	一冶机械修配厂	一冶机械修配厂	一冶机械修配厂	上海华东建筑机械厂	上海华东建筑机械厂	上海华东建筑机械厂		捷克	日本三菱

使用混凝土搅拌输送车必须注意的事项：

（1）混凝土必须在最短的时间内均匀无离析地排出，出料干净、方便，能满足施工的要求，如与混凝土泵联合输送时，其排料速度应能相匹配。

（2）从搅拌输送车运卸的混凝土中，分别取1/4处和3/4处试样进行坍落度试验，两个试样的坍落度值之差不得超过3cm。

（3）混凝土搅拌输送车在运送混凝土时，通常的搅动转速为2～4r/min，整个输送过程中拌筒的总转数应控制在300rad以内。

（4）若混凝土搅拌输送车采用干料自行搅拌混凝土时，搅拌速度一般应为6～18r/min；搅拌应从混合料和水加入搅筒起，直至搅拌结束转数应控制在70～100rad。

1.3.6 垂直运输设备

1. 井架升降机

井架升降机主要用于高层建筑混凝土灌注时的垂直运输机械，由井架、台灵拔杆、卷扬机、吊盘、自动倾卸吊斗及钢丝缆风绳等组成，具有一机多用、构造简单、装拆方便等优点。起重高度一般为25～40m，如图1-27所示。

2. 混凝土提升机

混凝土提升机是供快速输送大量混凝土的垂直提升设备。它是由钢井架、混凝土提升斗、高速卷扬机等组成，其提升速度可达50～100m/min。当混凝土提升到施工楼层后，卸入楼面受料斗，再采用其他楼面水平运输工具（如手推车等）运送到施工部位浇筑。一

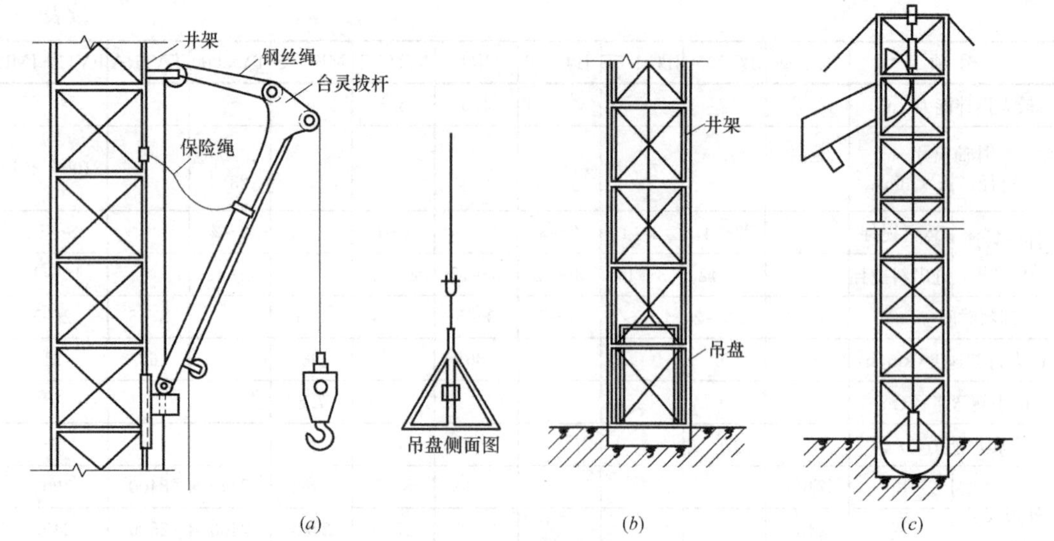

图 1-27　井架运输机

(*a*) 井架台灵拔杆；(*b*) 井架吊盘；(*c*) 井架吊斗

般每台容量为 0.5m³×2 的双斗提升机，其提升速度为 75m/min，最高高度达 120m，混凝土输送能力可达 20m³/h。因此对于混凝土浇筑量较大的工程，特别是高层建筑，是很经济适用的混凝土垂直运输机具。

3. 施工电梯

按施工电梯的驱动形式，可分为钢索牵引、齿轮齿条曳引和星轮滚道曳引三种形式。其中钢索曳引的是早期产品，已很少使用。目前国内外大部分采用的是齿轮齿条曳引的形式，星轮滚道是最新发展起来的，传动形式先进，但目前其载重能力较小。

按施工电梯的动力装置又可分为电动和电动-液压两种。电力驱动的施工电梯，工作速度约 40m/min，而电动-液压驱动的施工电梯其工作速度可达 96m/min。

施工电梯的主要部件由基础、立柱导轨井架、带有底笼的平面主框架、梯笼和附墙支撑组成。

其主要特点是用途广泛、适应性强，安全可靠，运输速度高，提升高度最高可达 150～200m 以上，如图 1-28 所示。国内建筑施工电梯的主要技术性能参见表 1-4。

国内建筑施工电梯的主要技术性能　　**表 1-4**

型号	载重量(kg)	轿厢尺寸：长×宽×高(m)	最大提升高度(m)	行驶速度(m/min)	导轨架长度(m) 导轨架重量(kg)	基本部件重量(笼)(kg)	对重(kg)	产地
ST100/1t	1000	3×1.3×2.6	100	36	1.508		2000	上海
ST50/0.7t	700	3×1.3×2.5	50	28	1.508			上海
ST200/2t	2000	3×1.3×2.6	220	31.6	1.508		2000	上海
ST150/2t	2000	3×1.3×2.9	150	36	1.508		1100	上海
ST220/2t	2000	3.9×1.2×1.65	220	31.6	1.508		2400	上海
JTZC	1000	3×1.3×2.7	150	36.5	1.508 172	234	1383	上海
SC100	1000	3×1.3×2.7	100	34.2	1.508 117	1800	1700	北京

续表

型号	载重量(kg)	轿厢尺寸：长×宽×高(m)	最大提升高度(m)	行驶速度(m/min)	导轨架长度(m) / 导轨架重量(kg)	基本部件重量(笼)(kg)	对重(kg)	产地
SC200	2000	3×1.3×2.7	100	40	1.508 / 117	1950	1700	北京
JTV-1	1000	3×1.3×2.6	100	37	1.508 / 205	2075	2840	南京
SC100	1000	3×1.3×2.7	100	39	1.508			四川
SC160	1600	3×1.3×2.7	150	40	1.508			四川
SF1200	1200/2400	3 ×1.3×2.7	100/70	35	1.508			山东

1.3.7　泵送设备及管道

1. 混凝土泵构造原理

混凝土泵有活塞泵、气压泵和挤压泵等几种不同的构造和输送形式，目前应用较多的是活塞泵。活塞泵按其构造原理的不同，又可以分为机械式和液压式两种。

（1）机械式混凝土泵的工作原理，如图1-29所示，进入料斗的混凝土，经拌合器搅拌可避免分层。喂料器可帮助混凝土拌合料由料斗迅速通过吸入阀进入工作室。吸入时，活塞左移，吸入阀开，压出阀闭，混凝土吸入工作室；压出时，活塞右移，吸入阀闭，压出阀开，工作室内的混凝土拌合料受活塞挤出，进入导管。

（2）液压活塞泵，是一种较为先进的混凝土泵。当混凝土泵工作时，搅拌好的混凝土拌合料装入料斗，吸入端片阀移开，排出端片阀关闭，活塞在液压作用下，带动活塞左移，混凝土混合料在自重及真空吸力作用下，进入混凝土缸内。然后，液压系统中压力油的进出方向相反，活塞右移，同时吸入端片阀关闭，压出端片阀移开，混凝土被压入管道，输送到浇筑地点。由于混凝土泵的出料是一种脉冲式的，所以一般混凝土泵都有两套缸体左右并列，交替出料，通过Y形导管，送入同一管道，使出料稳定。

2. 混凝土汽车泵或移动泵车

将液压活塞式混凝土泵固定安装在汽车

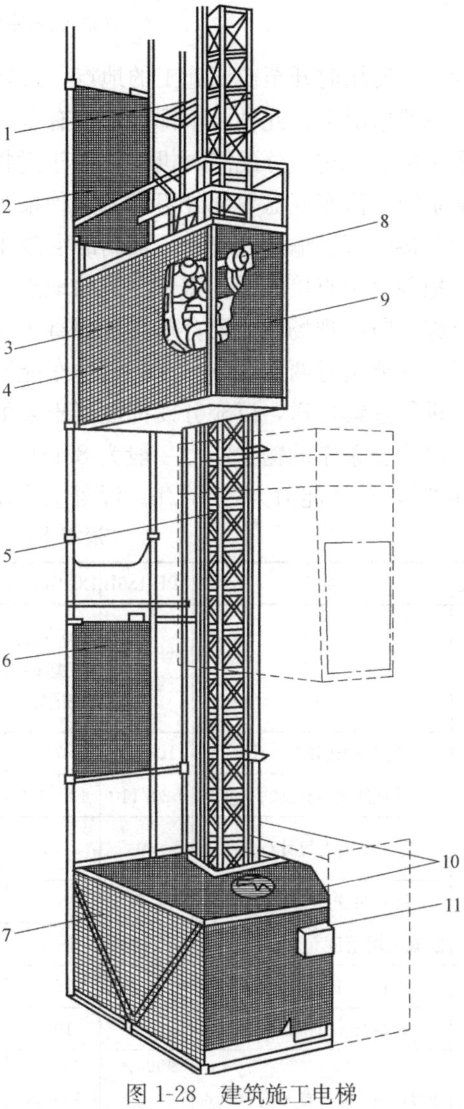

图1-28　建筑施工电梯

1—附墙支撑；2—自装起重机；3—限速器；4—梯笼；5—立柱导轨架；6—楼层门；7—底笼及平面主框架；8—驱动机构；9—电气箱；10—电缆及电缆箱；11—地面电气控制箱

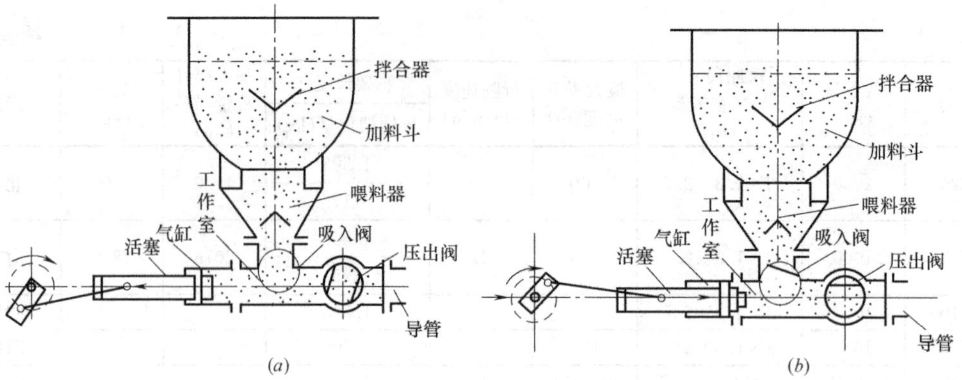

图 1-29　机械式混凝土泵工作原理

(*a*) 吸入冲程；(*b*) 压出冲程

底盘上，使用时开至需要施工的地点，进行混凝土泵送作业，称为混凝土汽车泵或移动泵车。一般情况下，此种泵车都附带装有全回转三段折叠臂架式的布料杆。整个泵车主要由混凝土推送机构、分配闸阀机构、料斗搅拌装置、悬臂布料装置、操作系统、清洗系统、传动系统、汽车底盘等部分组成。这种泵车使用方便，适用范围广，它既可以利用在工地配置装接的管道输送到较远、较高的混凝土浇筑部位，也可以发挥随车附带的布料杆的作用，把混凝土直接输送到需要浇筑的地点。

施工时，现场规划要合理布置混凝土泵车的安放位置。一般混凝土泵应尽量靠近浇筑地点，并要满足两台混凝土搅拌输送车能同时就位，使混凝土泵能不间断地得到混凝土供应，进行连续压送，以充分发挥混凝土泵的有效能力。

混凝土泵车的输送能力一般为 80m^3/h；在水平输送距离为 520m 和垂直输送高度为 110m 时，输送能力为 30m^3/h。混凝土汽车输送泵参考见表 1-5。

混凝土汽车输送泵参考表　　　　**表 1-5**

项次	项目	IPF-185B	DC-S115B	IPF-75B	PTF-75B2	A800B	NCP-9F8	BRF28.09	BRF36.09
1	形式	360°回转三级Z型	360°回转三级回折型	360°回转三级Z型	360°回转三级Z型	360°回转三级回折型	360°回转三级回折型	360°回转三级Z型	360°回转四级重叠型
2	最大输送量(m^3/h)	10～25	70	10～75	75	80	57	90	90
3	最大输送距离(m)(水平/垂直)	520/110	420/100	410/80	410/80	650/125	1000/150		
4	粗骨料最大尺寸(mm)	40	40	30 (砾石 40)	40	40	40	40	40
5	常用泵送压力(MPa)	4.71		3.87		13～18.5	20	7.5	7.5
6	混凝土坍落度允许范围(cm)	5～23	5～23	5～23	5～23	5～23	5～23	5～23	5～23
7	布料杆工作半径(m)	17.4	15.8	16.5	16.5	17.5		23.7	32.1
8	布料杆离地高度(m)	20.7	19.3	19.8	19.8	20.7		27.4	35.7
9	外形尺寸(长×宽×高)(mm)	9000×2485×3280	8840×4900×3400	9470×2450×3230				10910×7200×3850	10305×8500×3960
10	产地	湖北建筑机械厂	日本三菱	日本石川岛	日本石川岛	日本三菱重工	日本新鸿铁工所	德国普茨玛斯特	德国普茨玛斯特

3. 固定式混凝土泵

固定式混凝土泵使用时，需用汽车将它拖带至施工地点，然后进行混凝土输送。这种形式的混凝土泵主要由混凝土推送机构、分配闸机构、料斗搅拌装置、操作系统、清洗系统等组成。它具有输送能力大、输送高度高等特点，一般最大水平输送距离为250～600m，最大垂直输送高度为150m，输送能力为60m^3/h左右，适用于高层建筑的混凝土输送。混凝土固定泵技术性能见表1-6。

混凝土固定泵技术性能 **表1-6**

项目 \ 型号	HJ-TSB9014	BSA2100HD	BSA140BD	PTF-650	ELBA-B5516E	DC-A800B
形式		卧式单动	卧式单动	卧式单动	卧式单动	卧式单动
最大液压泵压力(MPa)		28	32	10～21	20	13～18.5
输送能力(m^3/h)	80	97～150	85	4～60	10～45	15～80
理论输送压力(MPa)	70/110	80～130	65～97	36	93	44
骨粒最大粒径(mm)		40	40	40	40	40
输送距离水平/垂直(m)				350/80	100/130	440/125
混凝土坍落度(mm)		50～230	50～230	50～230	50～230	50～230
缸径、冲程长度(mm)	200、1400	200、2100	200、1400	180、1150	160、1500	205、1500
缸数		双缸活塞式	双缸活塞式	双缸活塞式	双缸活塞式	双缸活塞式
加料斗容量(m^3)	0.5	0.9	0.49	0.3	0.475	0.35
动力(功率W/转速r/min)		130/2300	118/2300	55/2600	75/2960	170/2000
活塞冲程次数(次/min)		19.35	31.6		33	
重量(kg)	5250	5600	3400	6500	4420	15500
产地	上海华东建筑机械厂	德国普茨玛斯特	德国普茨玛斯特	日本石川岛	德国爱尔巴	日本三菱

4. 混凝土泵的选择

(1) 混凝土输送管的水平长度的确定

在选择混凝土泵和计算泵送能力时，通常是将混凝土输送管的各种工作状态换算成水平长度，换算长度可按表1-7换算。

混凝土输送管的水平换算长度 **表1-7**

类别	单位	规格	水平换算长度(m)
向上垂直管	每米	100mm 125mm 150mm	3 4 5
锥形管	每根	175mm→150mm 150mm→125mm 125mm→100mm	4 8 16
弯管	每根	90°R=0.5 R=1.0m	12 9
软管	每5～8m长的1根		20

注：1. R为曲率半径。
2. 弯管的弯曲角度小于90°时，需将表列数值乘以该角度与90°角的比值。
3. 向下垂直管，其水平换算长度等于其自身长度。
4. 斜向配管时，根据其水平及垂直投影长度，分别按水平、垂直配管计算。

(2) 混凝土泵的最大水平输送距离

混凝土泵的最大水平输送距离可以参照产品的性能表（曲线）确定，必要时可以由试验确定，也可以根据计算确定。

(3) 混凝土泵的泵送能力验算

具体的施工情况和有关计算应符合下列要求：

1）混凝土输送管道的配管整体水平换算长度，应不超过计算所得的最大水平泵送距离。

2）按表1-8、表1-9换算的总压力损失，应小于混凝土泵正常工作的最大出口压力。

混凝土泵送的换算总压力损失 **表1-8**

管件名称	换算量	换算压力损失(MPa)
水平管	每20支	0.10
垂直管	每5支	0.10
45°弯管	每只	0.05
90°弯管	每只	0.10
管道接环(管卡)	每只	0.10
管路截止阀	每个	0.80
3.5m橡皮软管	每根	0.20

附属于泵体的换算压力损失 **表1-9**

部位名称	换算量	换算压力损失(MPa)
Y形管175～125mm	每只	0.05
分配阀	每个	0.08
混凝土泵启动内耗	每台	2.80

(4) 混凝土泵的台数

根据混凝土浇筑的数量和混凝土泵单机的实际平均输出量和施工作业时间，按下式计算：

$$N_2 = Q/Q_1 \cdot T_0$$

式中 N_2——混凝土泵数量（台）；

Q——混凝土浇筑数量（m^3）；

Q_1——每台混凝土泵的实际平均输出量（m^3/h）；

T_0——混凝土泵送施工作业时间（h）。

重要工程的混凝土泵送施工，混凝土泵的所需台数，除根据计算确定外，宜有一定的备用台数。

5. 混凝土泵的布置要求

在泵送混凝土的施工中，混凝土泵和泵车的停放布置是一个关键，这不仅影响输送管的配置，同时也影响到泵送混凝土的施工能否按质按量地完成，必须着重考虑。因此，混凝土泵车的布置应考虑下列条件：

(1) 混凝土泵设置处，应场地平整、坚实，具有重车行走条件。

(2) 混凝土泵应尽可能靠近浇筑地点。在使用布料杆工作时，应使浇筑部位尽可能地在布料杆的工作范围内，尽量少移动泵车即能完成浇筑。

(3) 多台混凝土泵或泵车同时浇筑时，选定的位置要使其各自承担的浇筑最接近，最好能同时浇筑完毕，避免留置施工缝。

(4) 混凝土泵或泵车布置停放的地点要有足够的场地，以保证混凝土搅拌输送车的供料、调车的方便。

(5) 为便于混凝土泵或泵车，以及搅拌输送车的清洗，其停放位置应接近排水设施并且供水、供电方便。

(6) 在混凝土泵的作业范围内，不得有阻碍物、高压电线，同时要有防范高空坠物的措施。

(7) 当在施工高层建筑或高耸构筑物采用接力泵泵送混凝土时，接力泵的设置位置应使上、下泵的输送能力匹配。设置接力泵的楼面或其他结构部位，应验算其结构所能承受的荷载，必要时应采取加固措施。

(8) 混凝土泵的转移运输时要注意安全要求，应符合产品说明及有关标准的规定。

6. 混凝土输送管道

混凝土输送管包括直管、弯管、锥形管、软管、管接头和截止阀。对输送管道的要求是阻力小、耐磨损、自重轻、易装拆。

(1) 直管：常用的管径有 100mm、125mm 和 150mm 三种。管段长度有 0.5m、1.0m、2.0m、3.0m 和 4.0m 五种，壁厚一般为 1.6～2.0mm，由焊接钢管和无缝钢管制成。常用直管的重量见表 1-10。

(2) 弯管：弯管的弯曲角度有 15°、30°、45°、60°和 90°，其曲率半径有 1.0m、0.5m 和 0.3m 三种，以及与直管相应的口径。常用弯管的重量见表 1-11。

(3) 锥形管：主要是用于不同管径的变换处，常用的有 ϕ100～ϕ125、ϕ125～ϕ150、ϕ150～ϕ175。常用的长度为 1m。

(4) 软管：软管的作用主要是装在输送管末端直接布料，其长度有 5～8m，对它的要求是柔软、轻便和耐用，便于人工搬动。常用软管的重量见表 1-12。

(5) 管接头：主要是用于管子之间的连接，以便快速装拆和及时处理堵管部位。

(6) 截止阀：常用的截止阀有针形阀和制动阀。截止阀是在垂直向上泵送混凝土过程中使用，如混凝土泵送暂时中断，垂直管道内的混凝土因自重会对混凝土泵产生逆向压力，逆止阀可防止这种逆向压力对泵的破坏，使混凝土泵得到保护和启动方便。

常用直管重量 **表 1-10**

管子内径(mm)	管子长度(m)	管子自重(kg)	充满混凝土后重量(kg)
100	4.0	22.3	102.3
	3.0	17.0	77.0
	2.0	11.7	51.7
	1.0	6.4	26.4
	0.5	3.7	13.5
125	3.0	21.0	113.4
	2.0	14.6	76.2
	1.0	8.1	33.9
	0.5	4.7	20.1

常用弯管重量 **表 1-11**

管子内径(mm)	弯曲角度	管子自重(kg)	充满混凝土后重量(kg)
100	90°	20.3	52.4
	60°	13.9	35.0
	45°	10.6	26.4
	30°	7.1	17.6
	15°	3.7	9.0
125	90°	27.5	76.1
	60°	18.5	50.9
	45°	14.0	38.3
	30°	9.5	25.7
	15°	5.0	13.1

常用软管重量 **表 1-12**

管径(mm)	软管长度(m)	软管自重(kg)	充满混凝土后重量(kg)
100	3.0	14.0	68.0
	5.0	23.3	113.3
	8.0	37.3	181.3
125	3.0	20.5	107.5
	5.0	34.1	179.1
	8.0	54.6	286.6

1.3.8 混凝土布料设备

1. 混凝土泵车布料杆

混凝土泵车布料杆，是在混凝土泵车上附装的既可伸缩也可曲折的混凝土布料装置。混凝土输送管道就设在布料杆内，末端是一段软管，用于混凝土浇筑时的布料工作。图1-30是一种三折叠式布料杆混凝土浇筑范围示意图。这种装置的布料范围广，在一般情况下不需再行配管。

2. 独立式混凝土布料器

独立式混凝土布料器如图1-31所示。

独立式混凝土布料器是与混凝土泵配套工作的独立布料设备。在操作半径内，能比较灵活自如的浇筑混凝土。其工作半径一般为10m左右，最大的可达40m。由于其自身较为轻便，能在施工楼层上灵活移动，所以，实际的浇筑范围较广，适用于高层建筑的楼层混凝土布料。

3. 固定式布料杆

固定式布料杆又称塔式布料杆，可分为两种：附着式布料杆和内爬式布料杆。这两种布料杆除布料臂架外，其他部件如转台、回转支撑、回转机构、操作平台、爬梯、底架均采用批量生产的相应的塔吊部件，其顶升接高系统、楼层爬升系统亦取自相应的附着式自

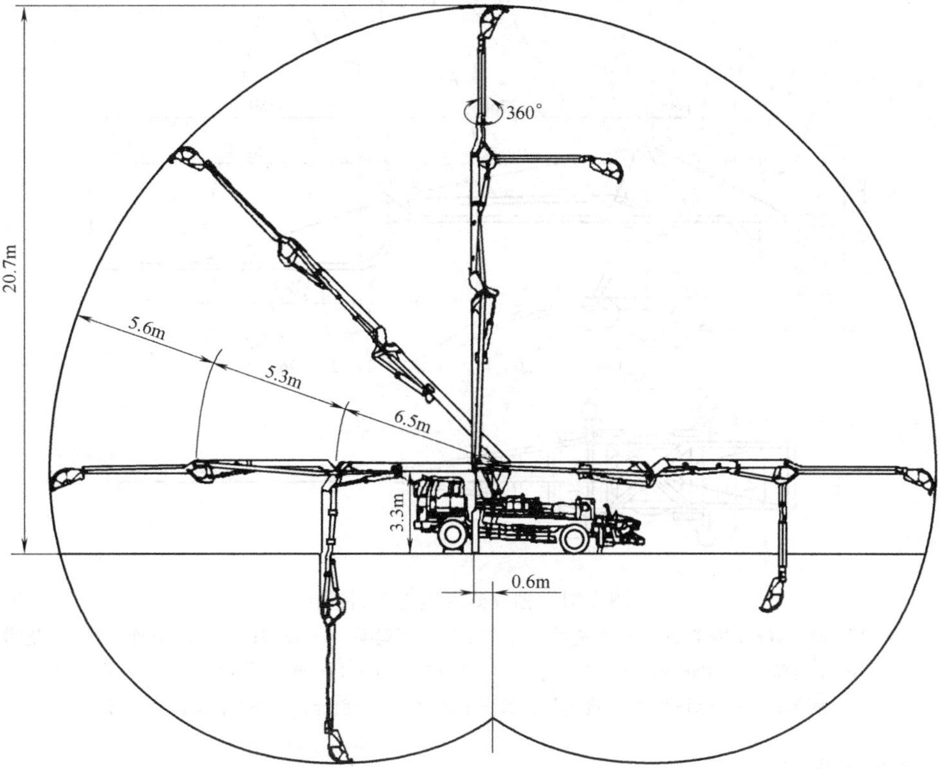

图 1-30　三折叠式布料杆混凝土浇筑范围

升塔吊和内爬式塔吊。附着式布料杆和内爬式布料杆的塔架有两种不同结构，一种是钢管立柱塔架，另一种是格桁结构方形断面构架。布料臂架大多采用低合金高强钢组焊薄壁箱形断面结构，一般由三节组成。薄壁泵送管则附装在箱形断面梁上，两节泵管之间用 90°弯管相连通。这种布料臂架的俯、仰、曲、伸都由液压系统操纵。为了减小布料臂架负荷对塔架的压弯作用，布料杆多装有平衡臂并配有平衡重。

目前有些内爬式布料杆如 HG17～HG25 型，用另一种布料臂架，臂架为轻量型钢格桁结构，由两节组成，泵管附装于此臂架上，采用绳轮变幅系统进行臂架的折叠和俯仰变幅。这种布料臂的最大工作幅度为 17～28m，最小工作幅度为 1～2m。

固定式布料杆装用的泵管有三种规格：ϕ100、ϕ112、ϕ125，管壁厚一般为 6mm。布料臂架上的末端泵管的管端还都套装有 4m 长的橡胶软管，这样可以有利于布料。

4. 起重布料两用机

该机亦称起重布料两用塔吊，多以重型塔吊为基础改制而成，主要用于造型复杂、混凝土浇筑量大的工程。布料系统可附装在特制的爬升套架上，亦可安装在塔顶部经过加固改装的转台上。所谓特制爬升套架是带有悬挑支座的特制转台与普通爬升套架的集合体。布料系统及顶部塔身装设于此特制转台上。近年我国自行设计制造一种布料系统装设在塔帽转台上的塔式起重布料两用机，其小车变幅水平臂架最大幅度 56m 时，起重量为 1.3t，布料杆为三节式，液压曲伸俯仰泵管臂架，其最大作业半径为 38m。

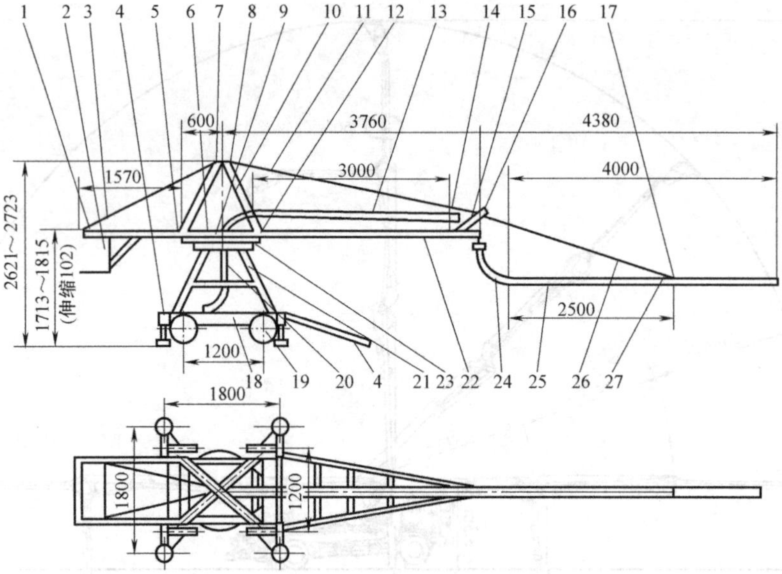

图 1-31 独立式混凝土布料器

1、7、8、15、16、27—卸甲轧头；2—平衡臂；3、11、26—钢丝绳；4—撑脚；5、12—螺栓、螺母、垫圈；6—上转盘；9—中转盘；10—上角撑；13、25—输送管；14—输送管轧头；17—夹子；18—底架；19—前后轮；20—高压管；21—下角撑；22—前臂；23—下转盘；24—弯管

5. 混凝土浇筑斗

(1) 混凝土浇筑布料斗

混凝土浇筑布料斗如图 1-32 所示。

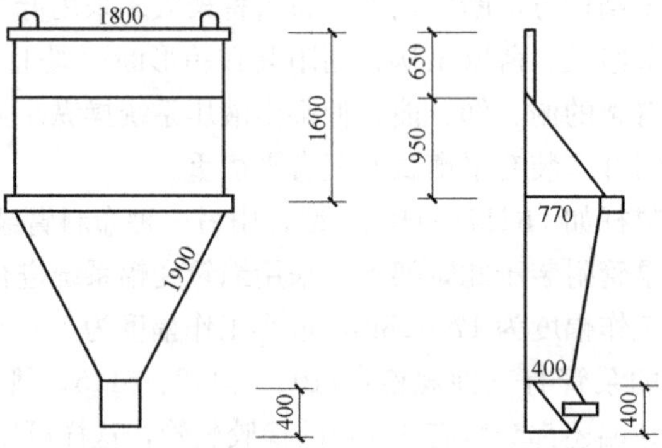

图 1-32 混凝土浇筑布料斗

混凝土浇筑布料斗为混凝土水平与垂直运输的一种转运工具。混凝土装进浇筑斗内，由起重机吊送至浇筑地点直接布料。浇筑斗是用钢板拼焊成簸箕式，容量一般为 $1m^3$。两边焊有耳环，便于挂钩起吊。上部开口，下部有门，门出口为 40cm×40cm，采用自动闸门，以便打开和关闭。

(2) 混凝土吊斗

混凝土吊斗有圆锥形、高架方形、双向出料形等（图 1-33），斗容量为 0.7～1.4m^3。混凝土由搅拌机直接装入后，用起重机吊至浇筑地点。

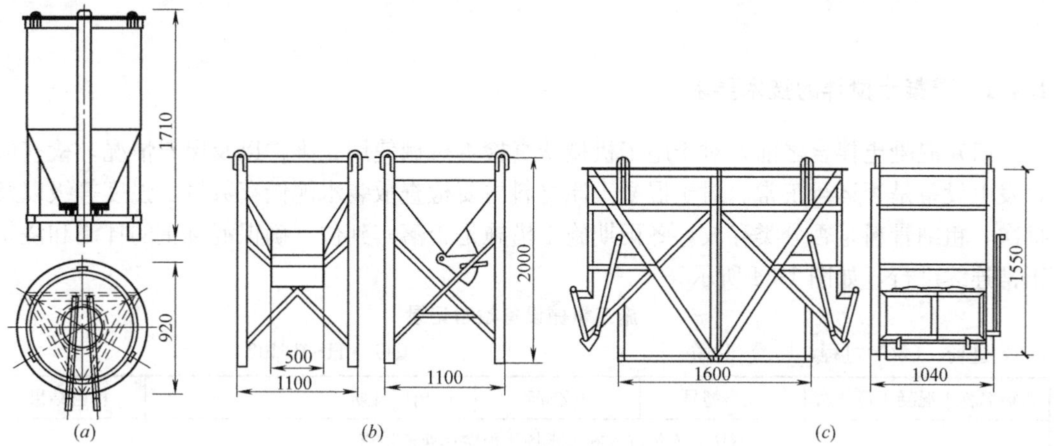

图 1-33 混凝土吊斗

(a) 圆锥形；(b) 高架方形；(c) 双向出料形

1）混凝土输送宜采用泵送方式

输送混凝土的管道、容器、溜槽不应吸水、漏浆，并应保证输送通畅。输送混凝土时应根据工程所处环境条件采取保温、隔热、防雨等措施。

2）混凝土输送泵的选择及布置应符合下列规定：

① 输送泵的选型应根据工程特点、混凝土输送高度和距离、混凝土工作性确定。

② 输送泵的数量应根据混凝土浇筑量和施工条件确定，必要时宜设置备用泵。

③ 输送泵设置的位置应满足施工要求，场地应平整、坚实，道路应畅通。

④ 输送泵的作业范围不得有阻碍物；输送泵设置位置应有防范高空坠物的设施。

3）混凝土输送泵管的选择与支架的设置应符合下列规定：

① 混凝土输送泵管应根据输送泵的型号、拌合物性能、总输出量、单位输出量、输送距离以及粗骨料粒径等进行选择。

② 混凝土粗骨料最大粒径不大于 25mm 时，可采用内径不小于 125mm 的输送泵管；混凝土粗骨料最大粒径不大于 40mm 时，可采用内径不小于 150mm 的输送泵管。

③ 输送泵管安装接头应严密，输送泵管道转向宜平缓。

④ 输送泵管应采用支架固定，支架应与结构牢固连接，输送泵管转向处支架应加密。支架应通过计算确定，必要时还应对设置位置的结构进行验算。

⑤ 垂直向上输送混凝土时，地面水平输送泵管的直管和弯管总的折算长度不宜小于垂直输送高度的 0.2 倍，且不宜小于 15m。

⑥ 输送泵管倾斜或垂直向下输送混凝土，且高差大于 20m 时，应在倾斜或垂直管下端设置直管或弯管，直管或弯管总的折算长度不宜小于高差的 1.5 倍。

⑦ 垂直输送高度大于 100m 时，混凝土输送泵出料口处的输送泵管位置应设置截

止阀。

⑧ 混凝土输送泵管及其支架应经常进行过程检查和维护。

1.4 混凝土拌合

1.4.1 混凝土搅拌的技术要求

(1) 混凝土拌合之前，对于施工机械认真检查机械使用、维护以及保养情况，检查应急发电设备是否运行正常。对于混凝土原材料主要检查散装水泥储存数量、强度等级以及批次，粗细骨料是否分类存放，冬雨期施工措施是否落实到位，确保混凝土的拌制和浇筑正常连续进行，如图 1-34 所示。

施工机械设备检验记录

( ) 进场、(√) 过程、( ) 退场　　　　　　　　　　　QG/YHS016J02

机械名称	混凝土搅拌站	规格型号	HZS75	出厂日期		检验结果
	施工机械	机械作业人员进入施工现场是否做作业前检查				
		作业中是否严格执行操作规程和相关安全规章制度，并做好设备使用、维护、保养记录				
		各类机械设备是否定期检查				
	原材料堆放	散装水泥储存罐的数量是否按不同厂家、品种、强度等级、批次分罐保存情况				
		粗骨料是否按分级存放，粗、细骨料存放是否分为合格区和待检区，用隔墙隔开				
		设置明示标志是否符合规定				
		轻型钢结构顶棚的安设情况是否安全				
		是否有冬期和夏期施工措施				
	施工用电	临时用电施工组织设计是否编制并经审批				
		动力和照明线是否分开架设				
		固定电力设备安全防护屏障或网栅围栏、禁止、警告标志是否符合规定				
		临时用电是否符合规定				
		作业人员是否持证上岗，按规定使用劳动防护用品				
		配电箱是否有门、有锁、有防雨措施				
		夜间施工照明设施是否满足施工安全要求				
其他情况			参加人员			

检验结论：( ) 合格 ( ) 不合格　　检验负责人：　　检验日期：

图 1-34　施工机械设备检验记录

(2) 商品混凝土站混凝土拌制

1) 采用商品混凝土进行拌制，开盘前按试验室提供的施工配合比调整配料系统，拌制中严格按照施工配合比进行配料和称量，并在微机上做好记录，如图 1-35 所示。

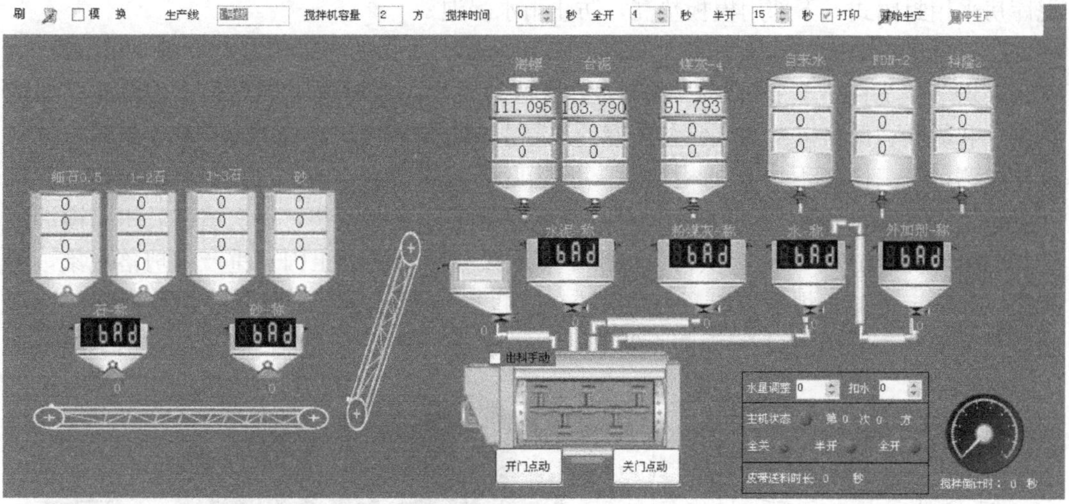

图 1-35　商混站配料系统

2）大体积混凝土必须提前由各商品混凝土搅拌站进行试配，明确混凝土的坍落度、扩展度、倒置排空时间、水化热、初凝、终凝时间等参数，如图 1-36 所示。

（3）现场混凝土拌制

1）采用现场搅拌时，提前进行实验室配合比，确定施工配合比，换算成每斗车所用原材料用量，现场配置地磅，以备随机抽检。现场搅拌混凝土多用于现场小方量的浇筑，多为填充墙二次结构浇筑。通常搅拌机每斗搅拌 0.3m^3，不能满足地泵或汽车泵的浇筑能力。

图 1-36　测量混凝土扩展度

2）混凝土搅拌时采用二次投料法，投料顺序：全部粉料（水泥和矿物掺合料）和细骨料，至少搅拌 30s→全部水和液体外加剂，搅拌成砂浆，至少搅拌 30s→全部粗骨料，至少搅拌 60s。搅拌时间见表 1-13。

混凝土搅拌的最短时间（s）　　　　**表 1-13**

混凝土坍落度（mm）	搅拌机机械	搅拌机出料量（L）		
		＜250	250～500	＞500
≤40	强制式	60	90	120
＞40 且＜100	强制式	60	60	90
≥100	强制式	60		

注：1. 混凝土搅拌的最短时间系指全部材料装入搅拌筒中起，到开始卸料止的时间。
2. 当掺有外加剂与矿物掺合料时，搅拌时间应适当延长。
3. 当采用其他形式的搅拌设备时，搅拌的最短时间应按设备说明书的规定或经试验确定。
4. 采用自落式搅拌机时，搅拌时间宜延长 30s。

3）原材料采用 6m×6m 的堆场，四周用砖砌筑，夏季用遮阳网或者遮阳棚遮盖，水泥库房采用封闭式，下部用模板垫高，防止雨水浸泡。

（4）泵送混凝土的入泵坍落度不宜小于100mm，对强度等级超过C60的泵送混凝土，其入泵坍落度不宜小于180mm。混凝土在拌合过程中，及时进行混凝土有关性能（如坍落度、和易性、保水率）的试验与观察。混凝土拌合物稠度应在搅拌地点和浇筑地点分别取样检测，每工作班不少于抽检两次。坍落度的测试方法：用一个上口100mm、下口200mm、高300mm喇叭状的坍落度桶，灌入混凝土分三次填装，每次填装后用捣锤沿桶壁均匀由外向内击25下，捣实后，抹平。然后拔起桶，混凝土因自重产生坍落现象，用桶高（300mm）减去坍落后混凝土最高点的高度，称为坍落度。如果差值为100mm，则坍落度为100mm，如图1-37、图1-38所示。

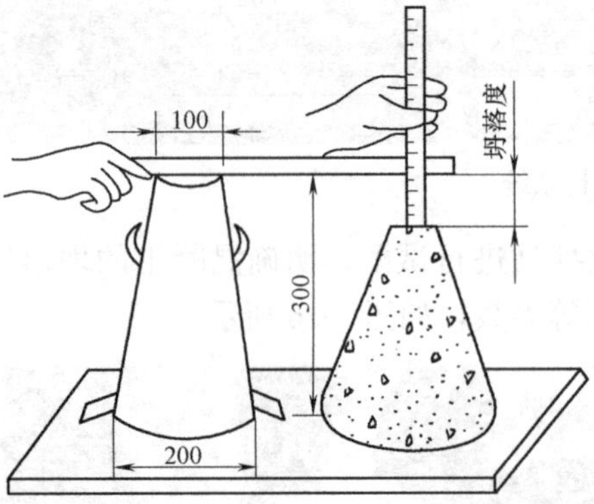

图1-37　坍落度检测原理图

图1-38　施工现场坍落度检测

（5）注意事项

1）夏季炎热，混凝土使用现抽取的冷水拌制，以降低混凝土的出机温度。

2）冬季搅拌时，将拌合水加热温度不超过80℃（当水泥强度等级为42.5级以上时最高温度为60℃），以提高混凝土温度。或采取其他措施，以保证混凝土的入模温度不低于5℃，环境负温时，混凝土的入模温度不应低于10℃。

对商品混凝土搅拌站进行搭设温棚保温，必须保证砂石料不受冻、温度在0℃以上，冬期施工时混凝土原材料储备罐包裹棉毡进行保温，保证混凝土拌合前原材料不受冻。

1.4.2　混凝土拌合质量控制及拌合注意事项

混凝土拌合物会出现泌水、离析及坍落度过低等现象。泌水是指拌合物在浇筑后到开始凝结期间，固体颗粒下沉，水上升，并在混凝土表面析出水的现象。通常采用掺加适量混合材料、外加剂，尽可能降低混凝土水灰比等有效措施。

1.5　混凝土运输

（1）混凝土输送布料设备的选择和布置应符合下列规定：

1）布料设备的选择应与输送泵相匹配；布料设备的混凝土输送管内径宜与混凝土输送泵管内径相同。

2）布料设备的数量及位置应根据布料设备工作半径、施工作业面大小以及施工要求确定。

3）布料设备应安装牢固，且应采取抗倾覆稳定措施；布料设备安装位置处的结构或施工设施应进行验算，必要时应采取加固措施。

4）应经常对布料设备的弯管壁厚进行检查，磨损较大的弯管应及时更换。

5）布料设备作业范围不得有阻碍物，并应有防范高空坠物的设施。

（2）输送泵输送混凝土应符合下列规定：

1）应先进行泵水检查，并应湿润输送泵的料斗、活塞等直接与混凝土接触的部位；泵水检查后，应清除输送泵内积水。

2）输送混凝土前，应先输送水泥砂浆对输送泵和输送管进行润滑，然后开始输送混凝土。

3）输送混凝土速度应先慢后快、逐步加速，应在系统运转顺利后再按正常速度输送。

4）输送混凝土过程中，应设置输送泵集料斗网罩，并应保证集料斗有足够的混凝土余量。

（3）吊车配备斗容器输送混凝土时应符合下列规定：

1）应根据不同结构类型以及混凝土浇筑方法选择不同的斗容器。

2）斗容器的容量应根据吊车吊运能力确定。

3）运输至施工现场的混凝土宜直接装入斗容器进行输送。

4）斗容器宜在浇筑点直接布料。

（4）升降设备配备小车输送混凝土时应符合下列规定：

1）升降设备和小车的配备数量、小车行走路线及卸料点位置应能满足混凝土浇筑需要。

2）运输至施工现场的混凝土宜直接装入小车进行输送，小车宜在靠近升降设备的位置进行装料。

（5）混凝土运输的质量控制

1）混凝土运输设备的运输能力应适应混凝土凝结速度和浇筑过程连续进行。运输过程中，应确保混凝土不发生离析、漏浆、泌水及坍落度损失过多等现象，运至浇筑地点的混凝土应仍保持均匀性和良好的拌合物性能。下面以 HBT90 型拖式泵参数进行说明：

每台混凝土 HBT90 型拖式泵的实际平均输出量：

$$Q_1=Q_{max}\alpha\eta$$

式中 Q_1——每台混凝土泵的实际平均输出量（m^3/h）；

Q_{max}——每台混凝土泵的最大输出量，取 $90m^3/h$；

α——配管条件系数，取 0.8；

η——作业效率，取 0.7。

$$Q_1=Q_{max}\alpha\eta=90\times0.8\times0.7=50.4m^3/h$$

取每台混凝土泵的实际平均输出量：$Q_1=50m^3/h$。

每台混凝土 HBT90 型拖式泵所需配备的混凝土搅拌运输车台数：

$$N_1=Q_1(60L_1/S_0+T_1)/60V_1$$

式中 N_1——混凝土搅拌运输车台数；

V_1——每台混凝土搅拌车容量，取 $8m^3$；

S_0——混凝土搅拌运输平均行车速度，取 30km/h；

L_1——混凝土搅拌车往返距离，取 30km；

T_1——每台混凝土搅拌运输车总计停歇时间，取 30min。

$$N_1 = Q_1(60L_1/S_0 + T_1)/60V_1 = 50\times(60\times30/30+30)\ /60\times8 = 600$$

故每台混凝土 HBT90 型拖式泵需配备 10 辆混凝土搅拌运输车。考虑交通拥堵、交通禁行，现场罐车存放场地等其他因素，每台混凝土泵配备运输车辆数为 10～12 辆。当遇交通禁行点时，现场人员应控制浇筑速度，以确保混凝土连续浇筑。

2）混凝土宜采用内壁平整光滑、不吸水、不渗漏的运输设备进行运输。当长距离运输混凝土时，宜采用混凝土罐车运输；近距离运输混凝土时，宜采用混凝土泵、混凝土吊斗、混凝土手推车运输。

3）采用搅拌运输车运送混凝土时，运输过程中宜以 2～4r/min 的转速搅拌；当搅拌运输车到达现场时，宜快速旋转 20s 以上再将混凝土拌合物喂入泵车受料斗或混凝土料斗中。放料手放料过程中不溢泵、不空泵。

4）标养试件根据每班混凝土浇筑量和浇筑部位留取，每个检验批留样至少 1 组，每个验收批试件总组数，应与所选定的评定方法相适应；采用标准养护的试件，应在温度为 20±5℃的环境中静置 1～2d，然后编号、拆模。拆模后放入温度为 20±2℃、相对湿度为 95%以上的标准养护室中养护，或在温度为 20±2℃的不流动的 $Ca(OH)_2$ 饱和溶液中养护。在标准养护室内试件应放在架上，彼此间间距为 10～20mm，试件表面保持潮湿，并应避免用水直接冲淋试件。

现场浇筑混凝土的同时，应制作同条件养护试块，供拆模和结构实体强度的验收，冬期施工尚应制作临界强度和负温转正温养护的试件。同条件养护试块所对应的结构构件或结构部位，应由监理（建设）、施工等各方共同选定；对混凝土结构工程中的各混凝土强度等级均应留置"同条件养护试块"；同一强度等级的"同条件养护试块"，其留置的数量应根据混凝土工程量和重要性确定，不宜少于 10 组，且不应少于 3 组。"同条件养护试块"脱模后，应放置在靠近相应结构构件或结构部位附近的适当位置，并采用相同的养护方法。为便于保管，施工单位通常将试块装在特制的钢筋笼内并放置在相应的位置，如图 1-39、图 1-40 所示。

图 1-39　混凝土同条件试块

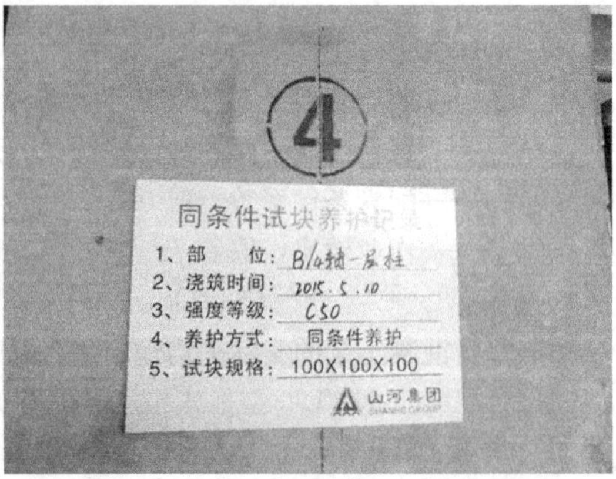

图 1-40　混凝土同条件养护记录

1.6 混凝土浇筑

1.6.1 准备工作

1. 人员准备

人员是施工的保证，在此以一台 HBT90 型拖式泵为例进行人员配备。人员配备见表 1-14。

人员配备（人） **表 1-14**

工种	放灰工、泵手	移泵管工	耙平工	收面工	木工、钢筋工、安装工	振捣工
数量	各 1	4	2	2～4	各 1	2～3

注：1. 正常一台地泵连续浇筑时间不宜超过 16h；
2. 在交接班时宜安排在布料机移位或泵管移位时。

2. 材料准备

物资部根据工长提报的浇筑计划，联系搅拌站准备充足的混凝土和相应的运输设备。物资计划要提前联系，尤其是大体积混凝土，应至少提前一个星期备料。

3. 机械准备

浇筑前主要准备的施工机具有耙铲、刮尺、铁抹子、铁锹、磨光机、小搓板、振动棒、木质大搓板、配电箱、布料机、地泵（汽车泵）等。

1.6.2 施工方法

1. 采用商品混凝土搅拌

(1) 浇筑混凝土前先浇筑水湿润模板，防止混凝土水分流失、混凝土麻面出现。同时将板面的浮锈清除干净，防止板底混凝土出现锈迹。

(2) 泵送混凝土前，应先用与混凝土原材料相同的水泥砂浆润管，防止泵管堵塞；混凝土搅拌完成后在 60min 内泵送完毕，且在 1/2 初凝时间内入泵，并在初凝前浇筑完毕；应保持连续泵送混凝土，必要时可降低泵送速度以维持泵送的连续性，如停泵时间超过 15min，应每隔 4～5min 开泵一次，正转和反转两个冲程，同时开动料斗搅拌器，防止料斗中混凝土离析，如图 1-41 所示。

图 1-41 泵管湿润

(3) 为了新老混凝土的结合，墙柱根部要提前浇筑与混凝土配合比相同的减石子砂浆，禁止将砂浆打到楼板或一根柱子里面，造成板或柱根部强度不足，控制结合面在 50～100mm 左右，如图 1-42

所示。

(4) 混凝土浇筑遵循：先低跨后高跨，先墙柱后楼梯再梁板的原则。竖向与水平交接区域属于竖向结构混凝土强度等级范畴，不可高标低打，低标高打，最好用钢丝网拦堵，如图 1-43 所示。

图 1-42 墙柱根部浇筑砂浆

图 1-43 低跨混凝土浇筑

(5) 竖向结构浇筑：不同入泵坍落度的混凝土，其泵送最大高度与坍落度应满足表 1-15 的规定。

混凝土入泵坍落度与泵送高度关系 表 1-15

最大泵送高度(m)	50	100	200	400	400 以上
入泵坍落度(mm)	100～140	150～180	190～220	230～260	—

实际考虑坍落度损失以及工人操作，一般要求 180±20mm，但白天尤其夏季要增大 20mm，达到 220mm，再高容易离析。

在浇筑前可对模板、钢筋、即将浇筑地点的基岩和旧混凝土等洒水冷却并使之吸足水分，并在浇筑地点采取遮挡阳光和防止通风等措施。保证新浇筑的混凝土入模温度与邻接的已硬化混凝土或者岩土介质表面温度的温差不得大于 15℃。振捣原则：一次浇筑、分层振捣；随浇随振，禁止一次浇满。

(6) 楼梯浇筑：浇筑楼梯混凝土时，混凝土坍落度宜控制在 140±20mm 左右，楼梯段混凝土自下而上浇筑，分踏步振捣，既不能过振，也不能漏振。若楼梯采用封闭式模板，则应在踏步侧面留洞。底板混凝土与踏步混凝土一起浇筑，不断向上推进。楼梯混凝土宜连续浇筑，以确保楼梯的成型质量，如图 1-44 所示。

(7) 梁板浇筑：浇筑梁板混凝土时，混凝土坍落度宜控制在 180mm 左右。梁、板混凝土应同时浇筑，浇筑方法由一端开始用“赶浆法”即先浇筑梁，根据梁高分层浇筑成阶梯形，当达到板底位置时再与板的混凝土一起浇筑，随着阶梯形不断延伸，梁板混凝土浇筑连续向前进行。浇筑与振捣必须紧密配合，第一层下料慢些，梁底充分振实后再下第二层料，保持水泥浆沿梁底包裹石子向前推进，每层均应振实后再下料，梁底及梁帮部位要注意振实，振捣时不得触动钢筋及预埋件。振捣时采用插入式振动棒配合平板振动器使用。插入式振动棒采用点振，间距 300～500mm，平板振动器主要用于板厚≤200mm 厚的楼板结构，禁止现场用插入式振动棒拖振楼板，楼板厚度超过 200mm 时，必须采用插

图 1-44　楼梯混凝土浇筑

图 1-45　梁板混凝土浇筑

入式振动棒振捣。对于有水房间楼板强调二次振捣（在混凝土初凝前 1h，初凝时的状态为脚踩上有脚印为准），采用插入式振动棒振捣，如图 1-45 所示。

（8）梁板浇筑时，应做好钢筋、安装线管的成品保护，一般现场混凝土浇筑前铺设跳板或者模板作为施工马道，跳板紧缺时可利用钢筋短料焊接成钢筋马道，如图 1-46、图 1-47 所示。当不可避免有混凝土工人对钢筋、安装线盒进行踩踏，要安排钢筋工看筋，发现钢筋踩踏严重，及时用扎丝绑扎复位；安装工人发现线管与线盒脱落时，及时用补焊或者扎丝绑扎调整，如图 1-48、图 1-49 所示。

图 1-46　跳板马道

图 1-47　钢筋马道

图 1-48　钢筋维护

图 1-49　安装管道维护

（9）混凝土标高控制：过程中通过标注在竖向钢筋上的结构 1m 线控制点拉通结构 1m 水平线带线收面，白天带线收面要加密，纵横向及交叉方向各带一次；跨度超过 8m 时，中间可以打“钢筋点”，在梁上焊接 ϕ12 长 1.5m 钢筋，钢筋上打 1m 线点。晚上扫平仪收面，为方便通常扫平仪架设高度为 1m，边收面边用 PVC 塑料管抄标高，减少振捣偏差，如图 1-50、图 1-51 所示。

图 1-50　混凝土带线收面

图 1-51　夜间扫平仪收面

图 1-52　料斗浇筑混凝土

（10）特殊部位采用吊斗浇筑混凝土时，每吊斗一般 0.5m^3 左右，要控制好浇筑的时间，防止罐车内混凝土过了初凝时间，另外吊斗出口到承接面的高度不得大于 2m。吊斗底部的卸料活门应开启方便，并不得漏浆。吊斗一般适用于高强度等级竖向框柱混凝土浇筑，或者斜屋面、屋面花架梁以及少量翻边等混凝土浇筑，如图 1-52 所示。

2. 采用现场搅拌

现主要介绍一下二次结构混凝土浇筑。二次结构混凝土可选用小型浇筑泵进行浇筑，构造柱上端预留喇叭口以便浇筑，如图 1-53、图 1-54 所示。

图 1-53　构造柱喇叭口

图 1-54　二次结构浇筑泵

1.6.3 泵送混凝土技术要求

（1）首先混凝土工要了解施工部署，减少施工冷缝的发生。尤其是地下室浇筑时，外墙禁止出现冷缝。遵循“从短边向长边”浇筑的原则，浇筑墙体混凝土应连续进行，间隔时间不应超过混凝土初凝时间。为避免楼板出现冷缝，采用塔吊进行接料，如图 1-55 所示。

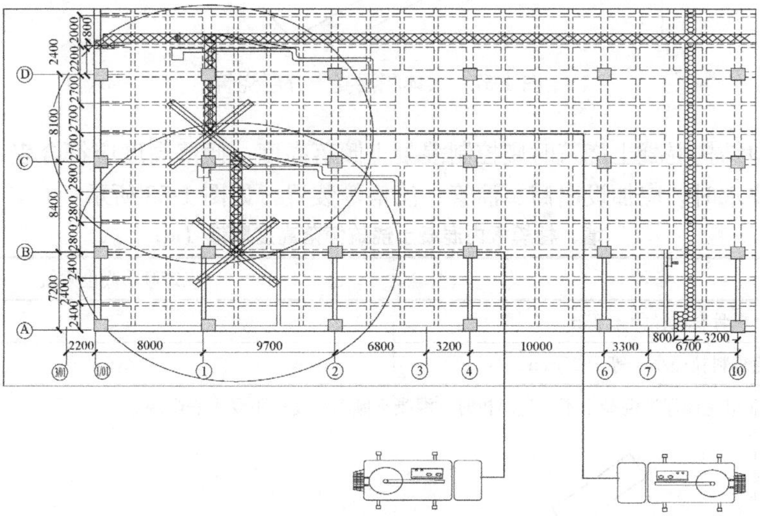

图 1-55　布料机布置

（2）基底为非黏性土或干土时，应浇筑垫层；基底为岩石时，应加以润湿，并铺一层厚 20～30mm 的水泥砂浆，然后于水泥砂浆凝结前浇筑第一层混凝土。基底为砂土时应提前洒水湿润。垫层浇筑采用小型振动器进行振捣，如图 1-56 所示。

图 1-56　砂土层洒水湿润

（3）大体积混凝土应分层进行浇筑，不得随意留置施工缝。其分层厚度（指捣实后厚度）应根据搅拌机的能力、运输条件、浇筑速度、振捣能力和结构要求等条件确定，但最大摊铺厚度不宜大于 400mm，泵送混凝土的摊铺厚度不宜大于 600mm，如图 1-57 所示。

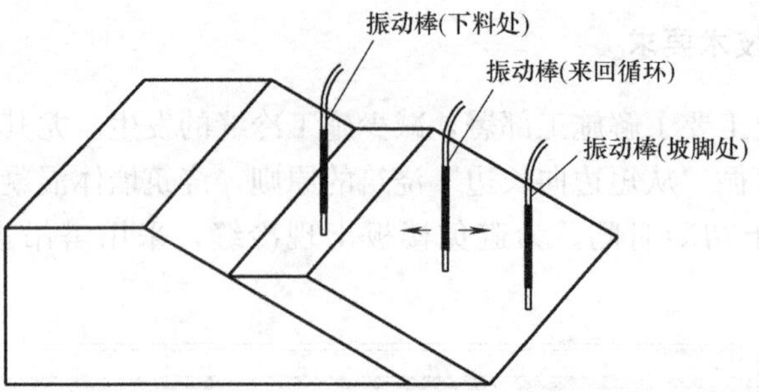

图 1-57　大体积混凝土分层浇筑

(4) 竖向结构混凝土浇筑时应控制混凝土倾落高度，倾落高度应符合表 1-16 的规定，当不能满足要求时，应加设串筒、溜管、溜槽等装置，如图 1-58 所示。

墙、柱模板内混凝土浇筑倾落高度限值 (m)　　表 1-16

条件	浇筑倾落高度限值
粗骨料粒径大于 25mm	≤3
粗骨料粒径小于等于 25mm	≤6

注：当有可靠措施能保证混凝土不产生离析时，混凝土倾落高度可不受本表限制。

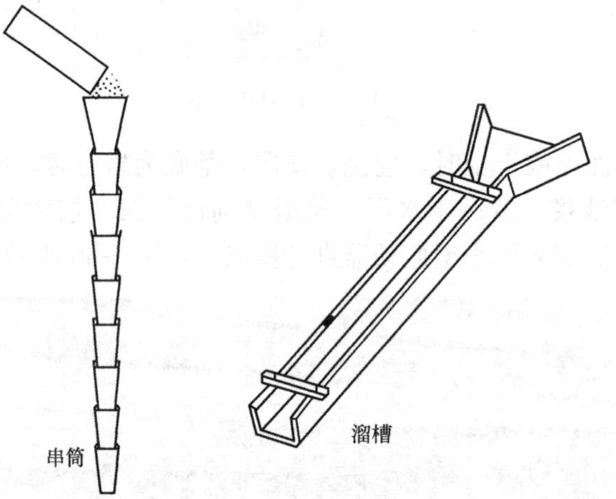

图 1-58　串筒、溜槽

(5) 混凝土浇筑应连续进行。突降大雨时，随浇随覆膜，彩条布遮挡；停料，启用备用搅拌站或按规范留置施工缝；停电，现场要备用一台 200kW 的发电机；混凝土即将初凝，塔吊补料接槎。

1.6.4　泵送混凝土浇筑规定要求

(1) 宜根据结构形状及尺寸、混凝土供应、混凝土浇筑设备、场地内外条件等划分每台输送泵浇筑区域及浇筑顺序。

(2) 采用输送管浇筑混凝土时，宜由远而近浇筑；采用多根输送管同时浇筑时，其浇筑速度宜保持一致。

(3) 润滑输送管的水泥砂浆用于湿润结构施工缝时，水泥砂浆应与混凝土浆液同成分；接浆厚度不应大于 30mm，多余水泥砂浆应收集后运出。

(4) 混凝土泵送浇筑应保持连续；当混凝土供应不及时，应采取间歇泵送方式。

(5) 混凝土浇筑后，应按要求完成输送泵和输送管的清理。

(6) 浇筑混凝土前，应清除模板内或垫层上的杂物。表面干燥的地基、垫层、模板上应洒水湿润；现场环境温度高于 35℃时宜对金属模板进行洒水降温；洒水后不得留有积水。

(7) 混凝土浇筑应保证混凝土的均匀性和密实性。混凝土宜一次连续浇筑；当不能一次连续浇筑时，可留设施工缝或后浇带分块浇筑。

(8) 混凝土浇筑过程应分层进行，分层浇筑应符合表 1-17 规定的分层振捣厚度要求，上层混凝土应在下层混凝土初凝之前浇筑完毕。

混凝土分层振捣的最大厚度　　表 1-17

振捣方法	混凝土分层振捣最大厚度
振动棒	振动棒作用部分长度的 1.25 倍
表面振动器	200mm
附着振动器	根据设置方式，通过试验确定

(9) 混凝土运输、输送入模的过程宜连续进行，从运输到输送入模的延续时间不应超过表 1-18、表 1-19 的规定限值。掺早强型减水外加剂、早强剂的混凝土以及有特殊要求的混凝土，应根据设计及施工要求，通过试验确定允许时间。

运输到输送入模的延续时间 (min)　　表 1-18

条件	气温	
	≤25℃	＞25℃
不掺外加剂	90	60
掺外加剂	150	120

运输、输送入模及其间歇总的时间限值 (min)　　表 1-19

条件	气温	
	≤25℃	＞25℃
不掺外加剂	180	150
掺外加剂	240	210

(10) 混凝土浇筑的布料点宜接近浇筑位置，应采取减少混凝土下料冲击的措施，并应符合下列规定：

1) 宜先浇筑竖向结构构件，后浇筑水平结构构件。

2) 浇筑区域结构平面有高差时，宜先浇筑低区部分再浇筑高区部分。

(11) 柱、墙模板内的混凝土浇筑倾落高度应符合表 1-20 的规定；当不能满足表 1-20 的要求时，应加设串筒、溜管、溜槽等装置。

(12) 混凝土浇筑后，在混凝土初凝前和终凝前宜分别对混凝土裸露表面进行抹面处理。

柱、墙模板内混凝土浇筑倾落高度限值（m） **表 1-20**

条件	浇筑倾落高度限值
粗骨料粒径大于 25mm	≤3
粗骨料粒径小于等于 25mm	≤6

注：当有可靠措施能保证混凝土不产生离析时，混凝土倾落高度可不受本表限制。

（13）柱、墙混凝土设计强度等级高于梁、板混凝土设计强度等级时，浇筑应符合下列规定：

1）柱、墙混凝土设计强度比梁、板混凝土设计强度高一个等级时，柱、墙位置梁、板高度范围内的混凝土经设计单位同意，可采用与梁、板混凝土设计强度等级相同的混凝土进行浇筑。

2）柱、墙混凝土设计强度比梁、板混凝土设计强度高两个等级及以上时，应在交界区域采取分隔措施。分隔位置应在低强度等级的构件中，且距高强度等级构件边缘不应小于 500mm。

3）宜先浇筑高强度等级混凝土，后浇筑低强度等级混凝土。

1.6.5 施工缝或后浇带处浇筑混凝土规定要求

（1）结合面应采用粗糙面；结合面应清除浮浆、疏松石子、软弱混凝土层，并应清理干净。

（2）结合面处应采用洒水方法进行充分湿润，并不得有积水。

（3）施工缝处已浇筑混凝土的强度不应小于 1.2MPa。

（4）柱、墙水平施工缝水泥砂浆接浆层厚度不应大于 30mm，接浆层水泥砂浆应与混凝土浆液同成分。

（5）后浇带混凝土强度等级及性能应符合设计要求；当设计无要求时，后浇带强度等级宜比两侧混凝土提高一级，并宜采用减少收缩的技术措施进行浇筑。

1.6.6 超长结构混凝土浇筑规定要求

（1）可留设施工缝分仓浇筑，分仓浇筑间隔时间不应少于 7d。

（2）当留设后浇带时，后浇带封闭时间不得少于 14d。

（3）超长整体基础中调节沉降的后浇带，混凝土封闭时间应通过监测确定，差异沉降应趋于稳定后再封闭后浇带。

（4）后浇带的封闭时间尚应经设计单位认可。

1.6.7 自密实混凝土浇筑规定要求

（1）应根据结构部位、结构形状、结构配筋等确定合适的浇筑方案。

（2）自密实混凝土粗骨料最大粒径不宜大于 20mm。

（3）浇筑应能使混凝土充填到钢筋、预埋件、预埋钢构周边及模板内各部位。

（4）自密实混凝土浇筑布料点应结合拌合物特性选择适宜的间距，必要时可通过试验确定混凝土布料点下料间距。

1.6.8 清水混凝土结构浇筑规定要求

(1) 应根据结构特点进行构件分区，同一构件分区应采用同批混凝土，并应连续浇筑。

(2) 同层或同区内混凝土构件所用材料牌号、品种、规格应一致，并应保证结构外观色泽符合要求。

(3) 竖向构件浇筑时应严格控制分层浇筑的间歇时间。

1.6.9 基础浇筑

在地基上浇筑混凝土前，对地基应事先按设计标高和轴线进行校正，并应清除淤泥和杂物；同时注意排除开挖出来的水和开挖地点的流动水，以防冲刷新浇筑的混凝土。

1. 柱基础浇筑

(1) 台阶式基础施工时（图 1-59)，可按台阶分层一次浇筑完毕（预制柱的高杯口基础的高台部分应另行分层)，不允许留设施工缝。每层混凝土要一次卸足，顺序是先边角后中间，务必使砂浆充满模板。

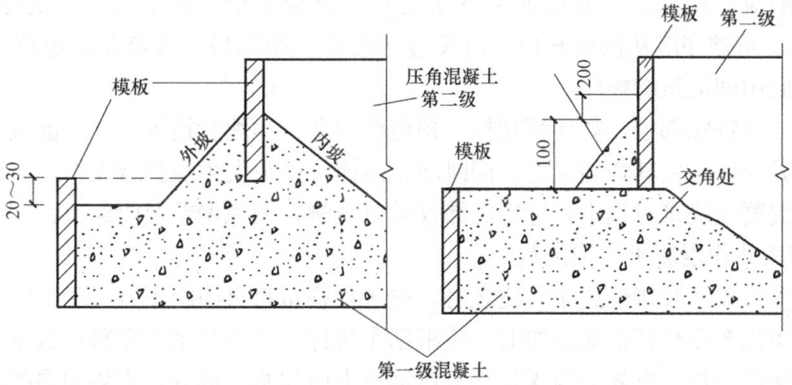

图 1-59 台阶式柱基础交角处混凝土浇筑方法示意图

(2) 浇筑台阶式柱基时，为防止垂直交角处可能出现吊脚（上层台阶与下口混凝土脱空）现象，可采取如下措施：

1) 在第一级混凝土捣固下沉 2～3cm 后暂不填平，继续浇筑第二级，先用铁锹沿第二级模板底圈做成内外坡，然后再分层浇筑，外圈边坡的混凝土于第二级振捣过程中自动摊平，待第二级混凝土浇筑后，再将第一级混凝土对齐模板顶边拍实抹平。

2) 捣完第一级后拍平表面，在第二级模板外先压以 20cm×10cm 的压角混凝土并加以捣实后，再继续浇筑第二级。待压角混凝土接近初凝时，将其铲平重新搅拌利用。

3) 如条件许可，宜采用柱基流水作业方式，即先浇一排柱基第一级混凝土，再回转依次浇第二级。这样对已浇好的第一级将有一个下沉的时间，但必须保证每个柱基混凝土在初凝之前连续施工。

(3) 为保证杯形基础杯口底标高的正确性，宜先将杯口底混凝土振实并稍停片刻，再浇筑振捣杯口模四周的混凝土，振动时间尽可能缩短。同时还应特别注意杯口模板的位置，应在两侧对称浇筑，以免杯口模挤向一侧或由于混凝土泛起而使芯模上升。

（4）高杯口基础，由于这一级台阶较高且配置钢筋较多，可采用后安装杯口模的方法，即当混凝土浇捣到接近杯口底时，再安杯口模板后继续浇捣。

（5）锥式基础，应注意斜坡部位混凝土的捣固质量，在振动器振捣完毕后，用人工将斜坡表面拍平，使其符合设计要求。

（6）为提高杯口芯模周转利用率，可在混凝土初凝后终凝前将芯模拔出，并将杯壁划毛。

（7）现浇柱下基础时，要特别注意连接钢筋的位置，防止移位和倾斜，发现偏差及时纠正。

2. 条形基础浇筑

（1）浇筑前，应根据混凝土基础顶面的标高在两侧木模上弹出标高线；如采用原槽土模时，应在基槽两侧的土壁上交错打入长10cm左右的标杆，并露出2～3cm，标杆面与基础顶面标高平，标杆之间的距离约3m左右。

（2）根据基础深度宜分段分层连续浇筑混凝土，一般不留施工缝。各段层间应相互衔接，每段间浇筑长度控制在2～3m距离，做到逐段逐层呈阶梯形向前推进。

3. 设备基础浇筑

（1）一般应分层浇筑，并保证上下层之间不留施工缝，每层混凝土的厚度为20～30cm。每层浇筑顺序应从低处开始，沿长边方向自一端向另一端浇筑，也可采取中间向两端或两端向中间浇筑的顺序。

（2）对一些特殊部位，如地脚螺栓、预留螺栓孔、预埋管道等，浇筑混凝土时要控制好混凝土上升速度，使其均匀上升，同时防止碰撞，以免发生位移或歪斜。对于大直径地脚螺栓，在混凝土浇筑过程中，应用经纬仪随时观测，发现偏差及时纠正。

4. 基础大体积混凝土结构浇筑

（1）用多台输送泵接输送泵管浇筑时，输送泵管布料点间距不宜大于10m，并宜由远而近浇筑，用汽车布料杆输送浇筑时，应根据布料杆工作半径确定布料点数量，各布料点浇筑速度应保持均衡，宜先浇筑深坑部分再浇筑大面积基础部分，大体积混凝土基础的整体性要求高，一般要求混凝土连续浇筑，一气呵成。施工工艺上应做到分层浇筑、分层捣实，但又必须保证上下层混凝土在初凝之前结合好，不致形成施工缝。在特殊的情况下可以留有基础后浇带。即在大体积混凝土基础中预留有一条后浇的施工缝，将整块大体积混凝土分成两块或若干块浇筑，待所浇筑的混凝土经一段时间的养护干缩后，再在预留的后浇带中浇筑补偿收缩混凝土，使分块的混凝土连成一个整体。

基础后浇带的浇筑，考虑到补偿收缩混凝土的膨胀效应，当后浇带的直径长度大于50m时，混凝土要分两次浇筑，时间间隔为5～7d。要求混凝土振捣密实，防止漏振，也避免过振。混凝土浇筑后，在硬化前1～2h，应抹压，以防沉降裂缝的产生。

（2）宜采用斜面分层浇筑方法，也可采用全面分层、分块分层浇筑方法，层与层之间混凝土浇筑的间歇时间应能保证整个混凝土浇筑过程的连续，浇筑方案应根据整体性要求、结构大小、钢筋疏密、混凝土供应等具体情况，选用如下三种方式：

1）全面分层［图1-60（*a*）］：在整个基础内全面分层浇筑混凝土，要做到第一层全面浇筑完毕回来浇筑第二层时，第一层浇筑的混凝土还未初凝，如此逐层进行，直至浇筑好。这种方案适用于结构的平面尺寸不太大，施工时从短边开始，沿长边进行较适宜。必要时亦可分为两段，从中间向两端或从两端向中间同时进行。

2）分段分层［图 1-60（*b*）］：适宜于厚度不太大而面积或长度较大的结构。混凝土从底层开始浇筑，进行一定距离后回来浇筑第二层，如此依次向前浇筑以上各分层。

3）斜面分层［图 1-60（*c*）］：适用于结构的长度超过厚度的三倍。振捣工作应从浇筑层的下端开始，逐渐上移，以保证混凝土施工质量。

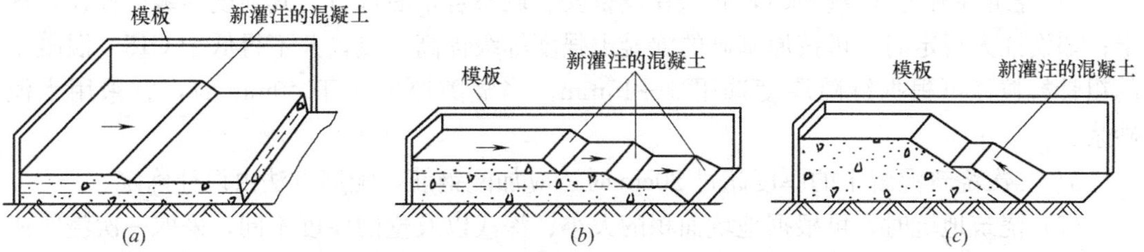

图 1-60　大体积基础浇筑方案

（*a*）全面分层；（*b*）分段分层；（*c*）斜面分层

分层的厚度决定于振动器的棒长和振动力的大小，也要考虑混凝土的供应量大小和可能浇筑量的多少，一般为 20～30cm。

（3）浇筑混凝土所采用的方法，应使混凝土在浇筑时不发生离析现象。

混凝土自高处自由倾落高度超过 2m 时，应沿串筒、溜槽、溜管等下落，以保证混凝土不致发生离析现象。

串筒布置应适应浇筑面积、浇筑速度和摊平混凝土堆的能力，但其间距不得大于 3m，布置方式为交错式或行列式。

（4）浇筑大体积基础混凝土时，由于凝结过程中水泥会散发出大量的水化热，因而形成内外温度差较大，易使混凝土产生裂缝。因此，必须采取措施。

（5）浇筑设备基础时，对一些特殊部分，要引起注意，以确保工程质量。例如：

1）地脚螺栓：地脚螺栓一般利用木横梁固定在模板上口，浇筑时要注意控制混凝土的上升速度，使两边均匀上升，不使模板上口位移，以免造成螺栓位置偏差。地脚螺栓的丝扣部分应预先涂好黄油，用塑料布包好，防止在浇筑过程中沾上水泥浆或碰坏。

当螺栓固定在细长的钢筋骨架上，并要求不下沉变位时，必须根据具体情况对钢筋骨架进行核算，看其是否能承受螺栓锚板自重和浇筑混凝土的重量与冲压力。如钢筋骨架不能满足以上要求时，则应另加钢板支承。

对锚板下混凝土要振捣密实。一般在浇筑这部位混凝土时，板外侧混凝土应略加高些，再细心振捣使混凝土压向板底，直至板边缝周围有混凝土浆冒出为止。如锚板面积较大，则可在板中间钻一小孔，通过小孔观察，看到混凝土浆冒出，证明这部位混凝土已密实，否则易造成空隙。

2）预留栓孔：预留栓孔一般采用楔形木塞或模壳板留孔，由于一端固定，一端悬空，在浇筑时应注意保证其位置垂直正确。木塞宜涂以油脂以易于脱模。浇筑后，应在混凝土初凝时及时将木塞取出，否则将会造成难拔并可能损坏预留孔附近的混凝土。

3）预埋管道：浇筑有预埋大型管道的混凝土时，常会出现蜂窝。为此，在浇筑混凝土时应注意粗骨料颗粒不宜太大，稠度应适宜，先振捣管道的底和两侧，待有浆冒出时，再浇筑盖面混凝土。

(6) 承受动力作用的设备基础的上表面与设备基座底部之间，用混凝土（或砂浆）进行二次浇筑时，应遵守下列规定：

1) 浇筑前应先清除地脚螺栓、设备底座部分及垫板等处的油污、浮锈等杂物，并将基础混凝土表面冲洗干净，保持湿润。

2) 浇筑混凝土（或砂浆），必须在设备安装调整合格后进行。其强度等级应按设计规定；如设计无规定时，可按原基础的混凝土强度等级提高一级，并不得低于C15。混凝土的粗骨料粒径可根据缝隙厚度选用5～15mm，当缝隙厚度小于40mm时，宜采用水泥砂浆。

3) 二次浇筑混凝土的厚度超过20cm时，应加配钢筋，配筋方法由设计确定。

(7) 浇筑地坑时，可根据地坑面积的大小、深浅以及壁的厚度不同，采取一次浇筑或地坑底板和壁分别浇筑的施工方法。对混凝土一次浇筑时，其内模板应做成整体式并预先架立好。当坑底板混凝土浇筑完后，紧接着浇筑坑壁。为保证底和壁接缝处的质量，拌制用于该处的混凝土可按原配合比将石子用量减半。

如底和壁分开浇筑时，其内模板待底板混凝土浇筑完并达到一定强度后，视壁高度可一次或分段支模。施工缝宜留在坑壁上，距坑底混凝土面30～50cm，并做成凹槽形式。

施工中要特别重视和加强对坑壁以及分层、分段浇筑的混凝土之间的密实性。机械振捣的同时，宜用小木槌在模板外面轻轻敲击配合，以防拆模后出现蜂窝、麻面、孔洞和断层等施工缺陷。

(8) 雨期施工时，应采取搭设雨篷或分段搭雨篷的办法进行浇筑，一般均要事先做好防雨措施。

1.6.10 框架浇筑

(1) 多层框架按分层分段施工，水平方向以结构平面的伸缩缝分段，垂直方向按结构层次分层。在每层中先浇筑柱，再浇筑梁、板。

浇筑一排柱的顺序应从两端同时开始，向中间推进，以免因浇筑混凝土后由于模板吸水膨胀，断面增大而产生横向推力，最后使柱发生弯曲变形。

柱子浇筑宜在梁板模板安装后，钢筋未绑扎前进行，以便利用梁板模板稳定柱模和作为浇筑柱混凝土操作平台之用。

(2) 浇筑混凝土时应连续进行，如必须间歇时，应按相关规定执行。

(3) 浇筑混凝土时，浇筑层的厚度不得超过相关规范规定的数值。

(4) 混凝土浇筑过程中，要分批做坍落度试验，如坍落度与原规定不符时，应予调整配合比。

(5) 混凝土浇筑过程中，要保证混凝土保护层厚度及钢筋位置的正确性。不得踩踏钢筋，不得移动预埋件和预留孔洞的原来位置，如发现偏差和位移，应及时校正。特别要重视竖向结构的保护层和板、雨篷结构负弯矩部分钢筋的位置。

(6) 在竖向结构中浇筑混凝土时，应遵守下列规定：

1) 柱子应分段浇筑，边长大于40cm且无交叉箍筋时，每段的高度不应大于3.5m。

2) 墙与隔墙应分段浇筑，每段的高度不应大于3m。

3）采用竖向串筒导送混凝土时，竖向结构的浇筑高度可不加限制。

凡柱断面在40cm×40cm以内，并有交叉箍筋时，应在柱模侧面开不小于30cm高的门洞，装上斜溜槽分段浇筑，每段高度不得超过2m。

4）分层施工开始浇筑上一层柱时，底部应先填以5～10cm厚水泥砂浆一层，其成分与浇筑混凝土内砂浆成分相同，以免底部产生蜂窝现象。

在浇筑剪力墙、薄墙、立柱等狭深结构时，为避免混凝土浇筑至一定高度后，由于积聚大量浆水而可能造成混凝土强度不匀的现象，宜在浇筑到适当的高度时，适量减少混凝土的配合比用水量。

(7) 肋形楼板的梁板应同时浇筑，浇筑方法应先将梁根据高度分层浇捣成阶梯形，当达到板底位置时即与板的混凝土一起浇捣，随着阶梯形的不断延长，则可连续向前推进（图1-61）。

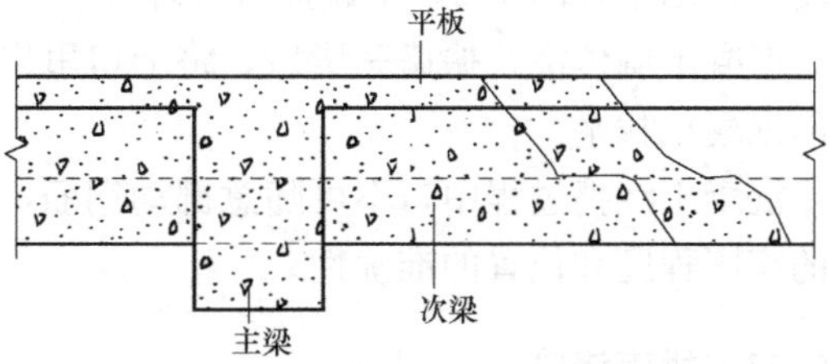

图1-61　梁、板同时浇筑方法示意图

倾倒混凝土的方向应与浇筑方向相反（图1-62）。

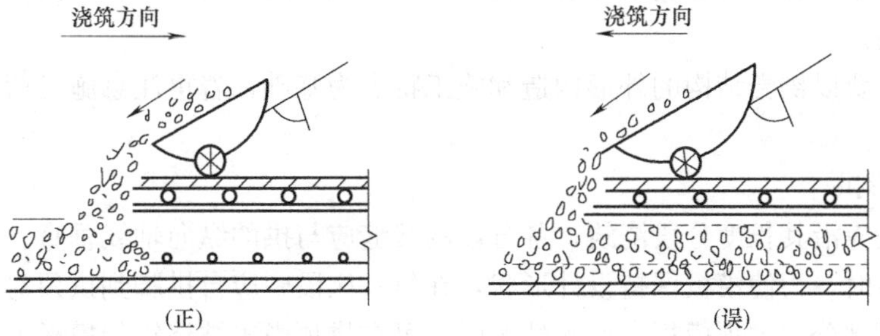

图1-62　混凝土倾倒方向

当梁的高度大于1m时，允许单独浇筑，施工缝可留在距板底面以下2～3cm处。

(8) 浇筑无梁楼盖时，在离柱帽下5cm处暂停，然后分层浇筑柱帽，下料必须倒在柱帽中心，待混凝土接近楼板底面时，即可连同楼板一起浇筑。

(9) 当浇筑柱梁及主次梁交叉处的混凝土时，一般钢筋较密集，特别是上部负钢筋又粗又多，因此，既要防止混凝土下料困难，又要注意砂浆挡住石子不下去。必要时，这一部分可改用细石混凝土进行浇筑，与此同时，振动棒头可改用片式并辅以人工捣固配合。

(10) 梁板施工缝可采用企口式接缝或垂直立缝的做法，不宜留坡槎。

在预定留施工缝的地方，在板上按板厚放一木条，在梁上铺以木板，其中间要留切口通过钢筋。

1.6.11　剪力墙浇筑

剪力墙浇筑应采取长条流水作业，分段浇筑，均匀上升。墙体浇筑混凝土前或新浇混凝土与下层混凝土结合处，应在底面上均匀浇筑5cm厚与墙体混凝土成分相同的水泥砂浆或减石子混凝土。砂浆或混凝土应用铁锹入模，不应用料斗直接灌入模内，混凝土应分层浇筑振捣，每层浇筑厚度控制在 60cm 左右。浇筑墙体混凝土应连续进行，如必须间歇，其间歇时间应尽量缩短，并应在前层混凝土初凝前将次层混凝土浇筑完毕。墙体混凝土的施工缝一般宜设在门窗洞口上，接槎处混凝土应加强振捣，保证接槎严密。

洞口浇筑混凝土时，应使洞口两侧混凝土高度大体一致。振捣时，振动棒应距洞边 30cm 以上，从两侧同时振捣，以防止洞口变形，大洞口下部模板应开口并补充振捣。构造柱混凝土应分层浇筑，内外墙交接处的构造柱和墙同时浇筑，振捣要密实。采用插入式振动器捣实普通混凝土的移动间距不宜大于作用半径的 1.5 倍，振动器距离模板不应大于振动器作用半径的 1/2，不碰撞各种埋件。

混凝土墙体浇筑振捣完毕后，将上口甩出的钢筋加以整理，用木抹子按标高线将墙上表面混凝土找平。

混凝土浇捣过程中，不可随意挪动钢筋，要经常加强检查钢筋保护层厚度及所有预埋件的牢固程度和位置的准确性。

1.6.12 拱壳浇筑

拱壳结构属于大跨度空间结构，其外形尺寸的准确与否对结构受力性能大有关系，因此，在施工中不仅要保持准确的外形，同时，对混凝土的均匀性、密实性、整体性都较普通结构要求高。

浇筑程序要以拱壳结构的外形构造和施工特点为基础，着重注意施工荷载的对称性和连续作业。

1. 长条形拱

(1) 一般应沿其长度分段浇筑，各分段的接缝应与拱的纵向轴线垂直。

(2) 浇筑时，为使模板保持设计形状，在每一区段中应自拱脚到拱顶对称地浇筑。如浇筑拱顶两侧部分，拱顶模板有升起情况时，可在拱顶尚未被浇筑的模板上加砂袋等临时荷载。

2. 筒形薄壳

(1) 筒形薄壳结构，应对称浇筑，在边梁和横隔板的下部浇筑完毕后，再继续浇筑壳板和横隔板的上部（图 1-63）。

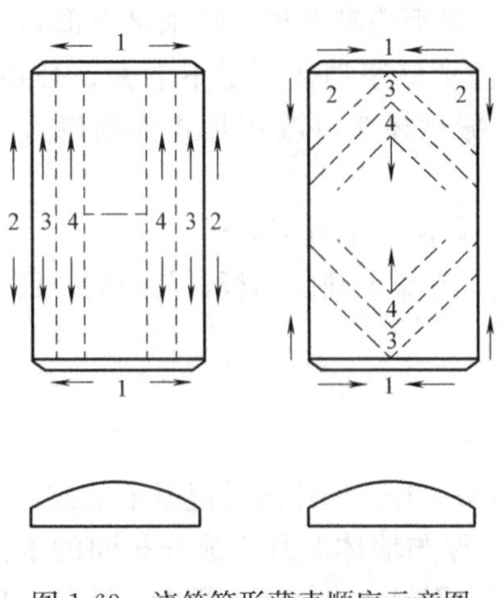

图 1-63　浇筑筒形薄壳顺序示意图

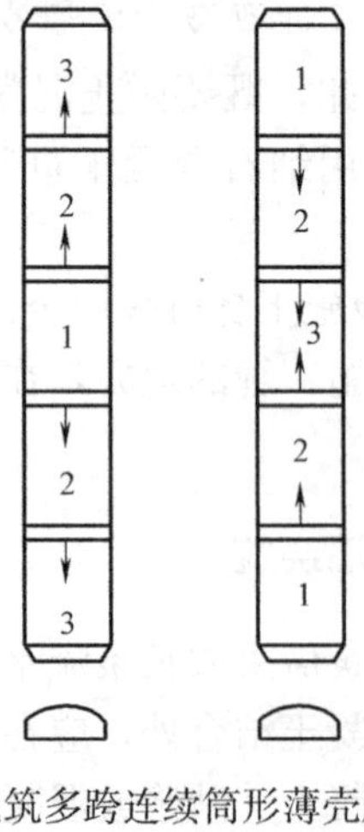

图 1-64　浇筑多跨连续筒形薄壳顺序示意图

（2）多跨连续筒形薄壳结构，可自中央跨开始或自两边向中央对称地逐跨浇筑，每跨按单跨筒形薄壳施工（图 1-64）。

3．球形薄壳

（1）球形薄壳结构，可自薄壳的周边向壳顶呈放射线状或螺旋状环绕壳体对称浇筑（图 1-65）。

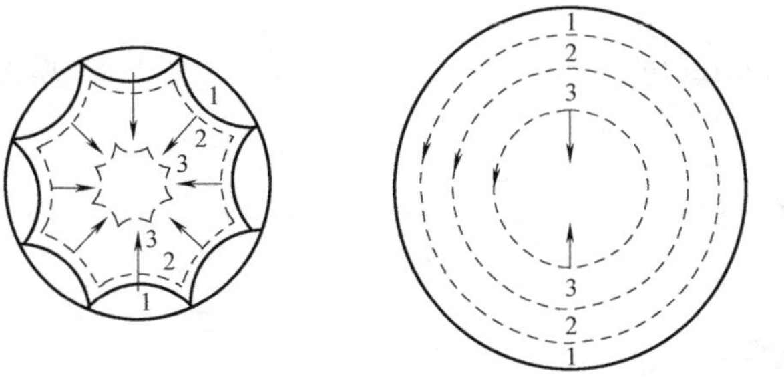

图 1-65　浇筑球形薄壳顺序示意图

（2）施工缝应避免设置在下部结构的接合部分和四周的边梁附近，可按周边为等距的圆环形状设置。

4．扁壳结构

（1）扁壳结构，以四面横隔交角处为起点，分别对称地向扁壳的中央和壳顶推进，直到将壳体四周的三角形部分浇筑完毕，使上部壳体成圆球形时，再按球形壳的浇筑方法进行（图 1-66）。

（2）施工缝应避免设置在下部结构的接合部分、四面横隔与壳板的接合部分和扁壳的四角处。

5．浇筑拱形结构的拉杆

如拉杆有拉紧装置者，应先拉紧拉杆，并在拱架落下后，再行浇筑。

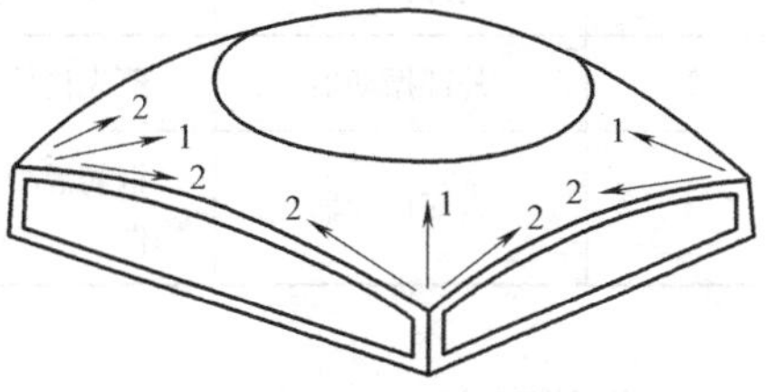

图 1-66　浇筑扁壳顺序示意图

6．浇筑壳体结构应采取的措施

浇筑壳体结构时，为了不减低周边壳体的抗弯能力和经济效果，其厚度一定要准确，在浇筑混凝土时应严加控制。控制其厚度可采取如下措施：

（1）选择混凝土坍落度时，按机械振捣条件进行试验，以保证混凝土浇筑时，在模板上，不致有坍流现象为原则。

当周边壳体模板的最大坡度角大于 35°～40°时，要用双层模板。

（2）按壳体一定位置处的厚度，做好和壳体同强度等级的混凝土立方块，固定在模板上，沿着壳体的纵横方向，摆成 1～2m 间距的控制网，以保证混凝土的设计厚度。

（3）按一半或整个薄壳断面各点厚度，做成几个厚度控制尺（图 1-67）。在浇筑时以尺的上缘为准进行找平。浇筑后取出并补平。

（4）用扁铁和螺栓制成的平尺来掌握厚度，平尺的各点支架高度可用螺栓杆调节（图 1-68）。

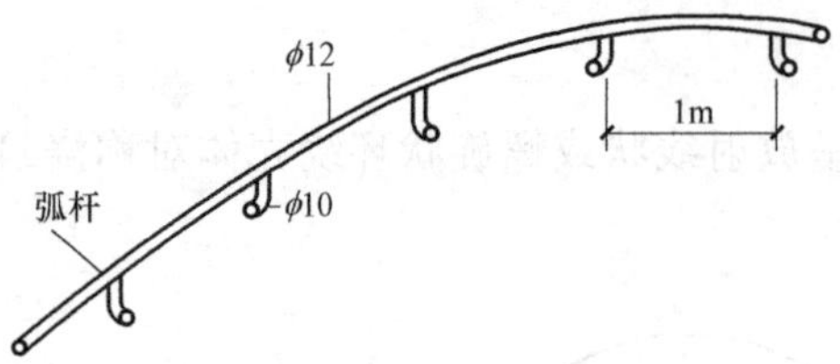

图 1-67　厚度控制尺

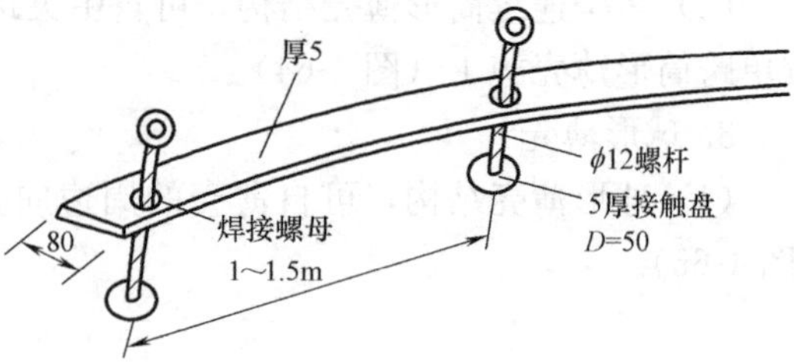

图 1-68　厚度控制平尺

1.7　混凝土振捣

1.7.1　振动机械选型

用混凝土拌合机拌合好的混凝土浇筑构件时，必须排除其中气泡，进行捣固，使混凝土密实结合，消除混凝土的蜂窝麻面等现象，以提高其强度，保证混凝土构件的质量。按照传递振动的方法分为内部振动器、外部振动器和表面振动器三种。振动器类型详见表1-21。

振动器类型一览表　　表 1-21

序号	振动器类型	适 用 部 位
1	内部振动器	大体积、竖向结构、梁混凝土的振捣
2	外部振动器	薄壳构件、空心板梁、拱肋、T形梁、斜屋面的施工
3	表面振动器	钢筋混凝土预制构件厂生产的空心楼板、平板及厚度不大(小于200mm)的板构件

1.7.2　振捣要点

(1) 混凝土振捣应掌握以下要领：垂直插入、快插、慢拔、“三不靠”等。

1) 快插慢拔，以免在混凝土中留下空隙。

2) 每次插入振捣时间为20～30s左右，并以混凝土不再下沉、不出现气泡、开始泛浆为准。

3) 振捣时间不宜过久，太久会出现砂与水泥浆分离，石子下沉，并在混凝土表面形成砂层，影响混凝土质量。

4) 振捣时，振动器应插入下层混凝土不小于5cm，以便加强上下层混凝土结合。

5) 振捣插入间距通常为30～50cm，防止漏振。

6) 采用平板振动器时，平板振动器的作业间距应保证振动器的平板覆盖已振实混凝土的边缘。

(2) “三不靠”：一指振捣时不要碰到模板；二指振捣时尽量不要碰到钢筋；三指振捣时不要触碰预埋件。

1.7.3 振捣收面

（1）楼梯踏步收面应随浇筑随收面，因为此处的混凝土坍落度较小，收面不宜过迟。用搓板配合铁抹子进行收面后覆盖塑料薄膜，如图 1-69 所示。

图 1-69 楼梯覆膜养护

（2）板收面搓平后使用磨光机收面。混凝土振捣完成后，应及时修整、抹平混凝土裸露面，待定浆后再抹第二遍并压光或拉毛。采用磨光机可以控制工人上料时间，减小脚印出现；钢筋不易露筋。抹面时严禁洒水，并防止过度操作影响表面混凝土的质量。尤其寒冷地区受冻结作用的混凝土和暴露于干旱地区的混凝土，更要注意施工抹面工序质量。

（3）振捣要求

1）混凝土振捣应能使模板内各个部位混凝土密实、均匀，不应漏振、欠振、过振。

2）混凝土振捣应采用插入式振动棒、平板振动器或附着振动器，必要时可采用人工辅助振捣。

3）振动棒振捣混凝土应符合下列规定：

① 应按分层浇筑厚度分别进行振捣，振动棒的前端应插入前一层混凝土中，插入深度不应小于 50mm。

② 振动棒应垂直于混凝土表面并快插慢拔均匀振捣；当混凝土表面无明显塌陷、有水泥浆出现、不再冒气泡时，可结束该部位振捣。

③ 振动棒与模板的距离不应大于振动棒作用半径的 0.5 倍；振捣插点间距不应大于振动棒的作用半径的 1.4 倍。

1.7.4 表面振动器振捣混凝土

（1）表面振动器振捣应覆盖振捣平面边角。

（2）表面振动器移动间距应覆盖已振实部分混凝土边缘。

（3）倾斜表面振捣时，应由低处向高处进行振捣。

1.7.5 附着振动器振捣混凝土

（1）附着振动器应与模板紧密连接，设置间距应通过试验确定。

（2）附着振动器应根据混凝土浇筑高度和浇筑速度，依次从下往上振捣。

（3）模板上同时使用多台附着振动器时应使各振动器的频率一致，并应交错设置在相对面的模板上。

1.7.6 混凝土分层振捣的最大厚度

混凝土分层振捣的最大厚度应符合表 1-22 的规定。

混凝土分层振捣的最大厚度 **表 1-22**

振捣方法	混凝土分层振捣最大厚度
振动棒	振动棒作用部分长度的 1.25 倍
表面振动器	200mm
附着振动器	根据设置方式，通过试验确定

1.7.7 特殊部位的混凝土应采取的加强振捣措施

（1）宽度大于 0.3m 的预留洞底部区域应在洞口两侧进行振捣，并应适当延长振捣时间；宽度大于 0.8m 的洞口底部，应采取特殊的技术措施。

（2）后浇带及施工缝边角处应加密振捣点，并应适当延长振捣时间。

（3）钢筋密集区域或型钢与钢筋结合区域应选择小型振动棒辅助振捣、加密振捣点，并应适当延长振捣时间。

（4）基础大体积混凝土浇筑流淌形成的坡顶和坡脚应适时振捣，不得漏振。

1.8 混凝土养护与拆模

为保证已浇筑好的混凝土在规定龄期内达到设计要求的强度和耐久性，并防止产生收缩和温度裂缝，必须认真做好养护工作。

1.8.1 自然养护

1. 养护工艺

（1）覆盖浇水养护

利用平均气温高于＋5℃的自然条件，用适当的材料对混凝土表面加以覆盖并浇水，使混凝土在一定的时间内保持水泥水化作用所需要的适当温度和湿度条件。

覆盖浇水养护应符合下列规定：

1）覆盖浇水养护应在混凝土浇筑完毕后的 12h 内进行。

2）混凝土的浇水养护时间，对采用硅酸盐水泥、普通硅酸盐水泥或矿渣硅酸盐水泥拌制的混凝土，不得少于 7d，对掺用缓凝型外加剂、矿物掺合料或有抗渗性要求的混凝土，不得少于 14d。

当采用其他品种水泥时，混凝土的养护应根据所采用水泥的技术性能确定。

3）浇水次数应根据能保持混凝土处于湿润的状态来决定。

4）混凝土的养护用水宜与拌制水相同。

5）当日平均气温低于 5℃时，不得浇水。

大面积结构如地坪、楼板、屋面等可采用蓄水养护。贮水池一类工程可于拆除内模混凝土达到一定强度后注水养护。

（2）薄膜布养护

在有条件的情况下，可采用不透水、气的薄膜布（如塑料薄膜布）养护。用薄膜布把混凝土表面敞露的部分全部严密地覆盖起来，保证混凝土在不失水的情况下得到充足的养护。这种养护方法的优点是不必浇水，操作方便，能重复使用，能提高混凝土的早期强度，加速模具的周转。但应该保持薄膜布内有凝结水。

（3）薄膜养生液养护

混凝土的表面不便浇水或使用塑料薄膜布养护时，可采用涂刷薄膜养生液，防止混凝土内部水分蒸发的方法进行养护。

薄膜养生液养护是将可成膜的溶液喷洒在混凝土表面上，溶液挥发后在混凝土表面凝结成一层薄膜，使混凝土表面与空气隔绝，封闭混凝土中的水分不再被蒸发，而完成水化作用。这种养护方法一般适用于表面积大的混凝土施工和缺水地区。但应注意薄膜的保护。

2. 养护条件

在自然气温条件下（高于+5℃），对于一般塑性混凝土应在浇筑后10～12h内（炎夏时可缩短至2～3h），对高强混凝土应在浇筑后1～2h内，即用麻袋、草帘、锯末或砂进行覆盖，并及时浇水养护，以保持混凝土具有足够润湿状态。混凝土浇水养护日期见表1-23。

混凝土浇水养护时间参考表 **表1-23**

分类		浇水养护时间(d)
拌制混凝土的水泥品种	硅酸盐水泥、普通硅酸盐水泥、矿渣硅酸盐水泥	不少于7
	火山灰质硅酸盐水泥、粉煤灰硅酸盐水泥	不少于14
	矾土水泥	不少于3
抗渗混凝土、混凝土中掺缓凝型外加剂		不少于14

注：1. 如平均气温低于55℃时，不得浇水。
2. 采用其他品种水泥时，混凝土的养护应根据水泥技术性能确定。

混凝土在养护过程中，如发现遮盖不好，浇水不足，以致表面泛白或出现干缩细小裂缝时，要立即仔细加以遮盖，加强养护工作，充分浇水，并延长浇水日期，加以补救。

在已浇筑的混凝土强度达到1.2N/mm^{2}以后，准许在其上来往行人和安装模板及支架等。荷重超过时应通过计算，并采取相宜的措施。

1.8.2 加热养护

1. 蒸汽养护

蒸汽养护是缩短养护时间的方法之一，一般宜用65℃左右的温度蒸养。混凝土在较高湿度和温度条件下，可迅速达到要求的强度。施工现场由于条件限制，现浇预制构件一般可采用临时性地面或地下的养护坑，上盖养护罩或用简易的帆布、油布覆盖。

蒸汽养护分四个阶段：

静停阶段：就是指混凝土浇筑完毕至升温前在室温下先放置一段时间。这主要是为了增强混凝土对升温阶段结构破坏作用的抵抗能力。一般需2～6h。

升温阶段：就是混凝土原始温度上升到恒温阶段。温度急速上升，会使混凝土表面因体积膨胀太快而产生裂缝。因而必须控制升温速度，一般为10～25℃/h。

恒温阶段：是混凝土强度增长最快的阶段。恒温的温度应随水泥品种不同而异，普通水泥的养护温度不得超过80℃，矿渣水泥、火山灰水泥可提高到85～90℃。恒温加热阶段应保持90%～100%的相对湿度。

降温阶段：在降温阶段内，混凝土已经硬化，如降温过快，混凝土会产生表面裂缝，因此降温速度应加以控制。一般情况下，构件厚度在10cm左右时，降温速度每小时不大于20～30℃。

为了避免由于蒸汽温度骤然升降而引起混凝土构件产生裂缝变形，必须严格控制升温和降温的速度。出槽的构件温度与室外温度相差不得大于40℃，当室外为负温度时，不得大于20℃。

2. 其他热养护

（1）热模养护

将蒸汽通在模板内进行养护。此法用汽少，加热均匀，既可用于预制构件，又可用于现浇墙体，用于现浇框架结构柱的养护方法如图1-70所示。

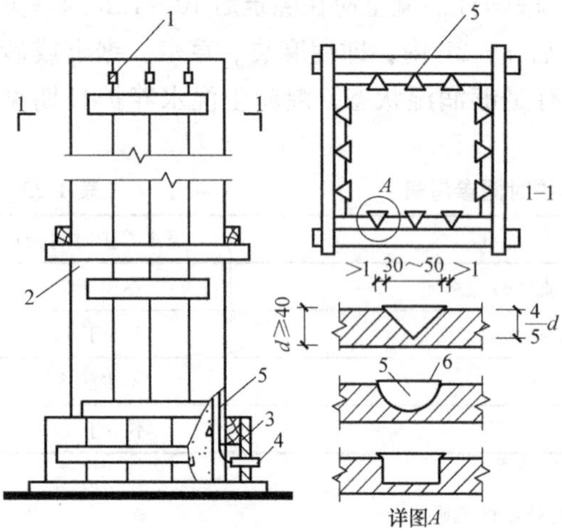

图1-70　柱子用热模法养护

1—出汽孔；2—模板；3—分汽箱；4—进气管；5—蒸汽管；6—薄钢板

（2）棚罩式养护

棚罩式养护是在混凝土构件上加盖养护棚罩。棚罩的材料有玻璃、透明玻璃钢、聚酯薄膜、聚乙烯薄膜等。其中以透明玻璃钢和透明塑料薄膜为佳，棚式的形式有单坡、双坡、拱形等，一般多用单坡或双坡。棚罩内的空腔不宜过大，一般略大于混凝土构件即可。棚罩内的温度，夏季可达60～75℃，春秋季可达35～45℃，冬季约在20℃。

（3）覆盖式养护

在混凝土成型、表面略平后，其上覆盖塑料薄膜进行封闭养护，有两种做法：

1）在构件上覆盖一层黑色塑料薄膜（厚0.12～0.14mm），在冬季再盖一层气垫薄膜。

2）在混凝土构件上覆盖一层透明的或黑色塑料薄膜，再盖一层气垫薄膜（气泡朝下）。

塑料薄膜应采用耐老化的，接缝应采用热粘合。覆盖时应紧贴四周，用砂袋或其他重物压紧盖严，防止被风吹开，影响养护效果。塑料薄膜采用搭接时，其搭接长度应大于30cm。据试验，气温在20℃以上，只盖一层塑料薄膜，养护最高温度达65℃，混凝土构件在1.5～3d内达到设计强度的70%，缩短养护周期40%以上。

1.8.3　混凝土拆模

混凝土结构浇筑后，达到一定强度，方可拆模。模板拆卸日期，应按结构特点和混凝土所达到的强度来确定。

现浇混凝土结构的拆模期限：

（1）不承重的侧面模板，应在混凝土强度能保证其表面及棱角不因拆模板而受损坏，方可拆除。

(2) 承重的模板应在混凝土达到下列强度以后，始能拆除（按设计强度等级的百分率计）：

板及拱：

跨度为2m及小于2m：50%；

跨度为大于2～8m：75%；

梁（跨度为8m及小于8m）：75%；

承重结构（跨度大于8m）：100%；

悬臂梁和悬臂板：100%。

(3) 钢筋混凝土结构如在混凝土未达到上述所规定的强度时进行拆模及承受部分荷载，应经过计算，复核结构在实际荷载作用下的强度。

(4) 已拆除模板及其支架的结构，应在混凝土达到设计强度后，才允许承受全部计算荷载。施工中不得超载使用，严禁堆放过量建筑材料。当承受施工荷载大于计算荷载时，必须经过核算加设临时支撑。

混凝土浇筑后应及时进行保湿养护，保湿养护可采用洒水、覆盖、喷涂养护剂等方式。选择养护方式应考虑现场条件、环境温湿度、构件特点、技术要求、施工操作等因素。

混凝土的养护时间应符合下列规定：

(1) 采用硅酸盐水泥、普通硅酸盐水泥或矿渣硅酸盐水泥配制的混凝土，不应少于7d；采用其他品种水泥时，养护时间应根据水泥性能确定。

(2) 采用缓凝型外加剂、大掺量矿物掺合料配制的混凝土，不应少于14d。

(3) 抗渗混凝土、强度等级C60及以上的混凝土，不应少于14d。

(4) 后浇带混凝土的养护时间不应少于14d。

(5) 地下室底层墙、柱和上部结构首层墙、柱宜适当增加养护时间。

(6) 基础大体积混凝土养护时间应根据施工方案确定。

洒水养护应符合下列规定：

(1) 洒水养护宜在混凝土裸露表面覆盖麻袋或草帘后进行，也可采用直接洒水、蓄水等养护方式；洒水养护应保证混凝土处于湿润状态。

(2) 当日最低温度低于5℃时，不应采用洒水养护。

覆盖养护应符合下列规定：

(1) 覆盖养护宜在混凝土裸露表面覆盖塑料薄膜、塑料薄膜加麻袋、塑料薄膜加草帘进行。

(2) 塑料薄膜应紧贴混凝土裸露表面，塑料薄膜内应保持有凝结水。

(3) 覆盖物应严密，覆盖物的层数应按施工方案确定。

喷涂养护剂养护应符合下列规定：

(1) 应在混凝土裸露表面喷涂覆盖致密的养护剂进行养护。

(2) 养护剂应均匀喷涂在结构构件表面，不得漏喷；养护剂应具有可靠的保湿效果，保湿效果可通过试验检验。

(3) 养护剂使用方法应符合产品说明书的有关要求。

基础大体积混凝土裸露表面应采用覆盖养护方式；当混凝土表面以内40～80mm位

置的温度与环境温度的差值小于 25℃时，可结束覆盖养护。覆盖养护结束但尚未到达养护时间要求时，可采用洒水养护方式直至养护结束。

柱、墙混凝土养护方法应符合下列规定：

(1) 地下室底层和上部结构首层柱、墙混凝土带模养护时间，不宜少于 3d；带模养护结束后可采用洒水养护方式继续养护，必要时也可采用覆盖养护或喷涂养护剂养护方式继续养护。

(2) 其他部位柱、墙混凝土可采用洒水养护；必要时，也可采用覆盖养护或喷涂养护剂养护。

混凝土强度达到 1.2N/mm² 前，不得在其上踩踏、堆放荷载、安装模板及支架。

同条件养护试件的养护条件应与实体结构部位养护条件相同，并应采取措施妥善保管。

施工现场应具备混凝土标准试件制作条件，并应设置标准试件养护室或养护箱。标准试件养护应符合国家现行有关标准的规定。

混凝土养护根据施工温度、湿度及后道工序等来选择，一般有塑料薄膜、塑料薄膜＋黑心棉。

1.8.4 混凝土洒水养护

在平均气温高于＋5℃的自然条件下，用覆盖材料对混凝土表面加以覆盖并浇水养护，使混凝土在一定时间内保持水化作用所需要的适当温度和湿度条件。覆盖浇水养护在混凝土浇筑完毕后的 12h 以内进行，当日平均气温低于 5℃时，不得浇水。

1.8.5 混凝土覆盖养护

采用不透水、气的薄膜布养护。用薄膜布把柱表面敞露的部分全部严密地覆盖起来，保证混凝土在不失水的情况下得到充足的养护。养护时必须保持薄膜布内有凝结水。

1.8.6 混凝土喷涂养护

薄膜养生液养护是将可成膜的溶液喷洒在混凝土表面上，溶液挥发后在混凝土表面结成一层薄膜，使混凝土表面与空气隔绝，封闭混凝土中的水分不再被蒸发，而完成水化作用。

1.8.7 混凝土加热养护

采用暖棚法加热养护混凝土，暖棚应坚固、不透风，靠内墙宜采用非易燃性材料，在暖棚中用明火加热时，须特别加强防火、防煤气中毒等措施；暖棚内宜保持不得低于 5℃，且保持一定的湿度，当湿度不足时，应向混凝土面及模板上洒水，也可以在煤炉上烧水增加暖棚内湿度，如图 1-71 所示。

图 1-71　混凝土暖棚法养护

1.8.8 混凝土养护质量控制

(1) 楼板洒水养护夏天一天四次，春秋一天两次，冬季低于5℃不洒水，以楼面潮湿为准。

(2) 竖向采用晚拆模进行养护，拆完模板后，框柱立即缠绕塑料薄膜养护，墙体刷养护液养护，墙体也可采用挂草帘进行养护。

(3) 混凝土养护期间应注意采取保温措施，防止混凝土表面温度受环境因素影响（如暴晒、气温骤降等）而发生剧烈变化。养护期间混凝土的芯部与表层、表层与环境之间的温差不宜超过20℃（截面较为复杂时，不宜超过15℃）。大体积混凝土施工前应制定严格的养护方案，控制混凝土内外温差满足设计要求，如图1-72、图1-73所示。

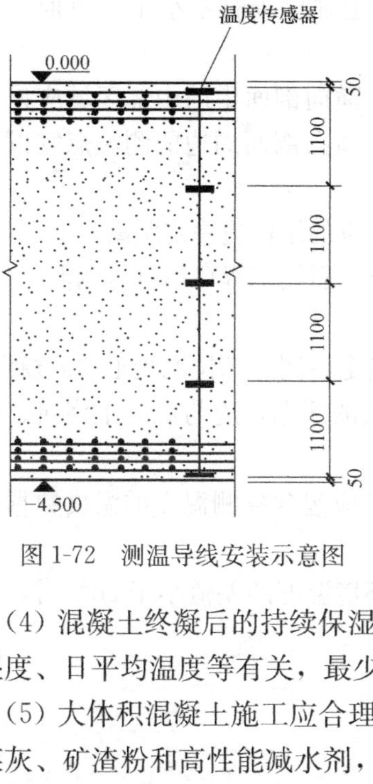

图1-72 测温导线安装示意图

图1-73 测温导线安装实物图

(4) 混凝土终凝后的持续保湿养护时间与配合比中是否掺有矿物掺合料、水胶比、大气湿度、日平均温度等有关，最少不得少于7d，大体积混凝土的养护时间不宜少于28d。

(5) 大体积混凝土施工应合理选用混凝土配合比，宜选用水化热低的水泥，并宜掺加粉煤灰、矿渣粉和高性能减水剂，控制水泥用量，应加强混凝土养护工作。

(6) 大体积混凝土宜采用后期强度作为配合比、强度评定的依据。基础混凝土可采用龄期为60d（56d）、90d的强度等级；柱、墙混凝土强度等级不小于C80时，可采用龄期为60d（56d）的强度等级。采用混凝土后期强度应经设计单位认可。

(7) 混凝土最大绝热温升和内部最高温度应按相关规范计算。大体积混凝土施工温度控制应符合下列规定：

1) 混凝土入模温度不宜大于30℃；混凝土最大绝热温升不宜大于50℃。

2) 混凝土结构构件表面以内40～80mm位置处的温度与混凝土结构构件内部的温度差值不宜大于25℃，且与混凝土结构构件表面温度的差值不宜大于25℃。

3) 混凝土降温速率不宜大于2.0℃/d。

(8) 基础大体积混凝土测温点设置应符合下列规定：

1) 宜选择具有代表性的两个竖向剖面进行测温，竖向剖面宜通过中部区域、竖向剖面的周边及内部应进行测温。

2）竖向剖面上的周边及内部测温点宜上下、左右对齐；每个竖向位置设置的测温点不应少于3处，间距不宜大于1.0m；每个横向设置的测温点不应少于4处，间距不应大于10m。

3）竖向剖面的中部区域应设置测温点；竖向剖面周边测温点应布置在基础表面内40～80mm位置。

4）覆盖养护层底部的测温点宜布置在代表性的位置，且不应少于2处；环境温度测温点不应少于2处，且应离开基础周边一定的距离。

5）对基础厚度不大于1.6m，裂缝控制技术措施完善的工程可不进行测温。

（9）柱、墙、梁大体积混凝土测温点设置应符合下列规定：

1）柱、墙、梁结构实体最小尺寸大于2m，且混凝土强度等级不小于C60时，宜进行测温。

2）测温点宜设置在高度方向上的两个横向剖面中；横向剖面中的中部区域应设置测温点，测温点设置不应少于2点，间距不宜大于1.0m；横向剖面周边的测温点宜设置在距结构表面内40～80mm位置处。

3）环境温度测温点设置不宜少于1点，且应离开浇筑的结构边一定距离。

4）可根据第一次测温结果，完善温度控制技术措施，后续工程可不进行测温。

（10）大体积混凝土测温应符合下列规定：

1）宜根据每个测温点被混凝土初次覆盖时的温度确定各测点部位混凝土的入模温度。

2）结构内部测温点、结构表面测温点、环境测温点的测温，应与混凝土浇筑、养护过程同步进行。

3）应按测温频率要求及时提供测温报告，测温报告应包含各测温点的温度数据、温度变化曲线、温度变化趋势分析等内容。

4）混凝土结构表面以内40～80mm位置的温度与环境温度的差值小于20℃时，可停止测温。

（11）大体积混凝土测温频率应符合下列规定：

1）第一天至第四天，每4h不应少于一次。

2）第五天至第七天，每8h不应少于一次。

3）第七天至测温结束，每12h不应少于一次。

第 2 章　现浇混凝土结构验收

2.1　一般规定

（1）结构构件的混凝土强度应按现行国家标准《混凝土强度检验评定标准》GB/T 50107—2010 的规定分批检验评定。

对采用蒸汽法养护的混凝土结构构件，其混凝土试件应先随同结构构件同条件蒸汽养护，再转入标准条件养护共 28d。

当混凝土中掺入矿物掺合料时，确定混凝土强度时的龄期可按现行国家标准《粉煤灰混凝土应用技术规范》GB/T 50146—2014 等的规定取值。

（2）检验评定混凝土强度用的混凝土试件的尺寸及强度的尺寸换算系数应按表 2-1 取用；其标准成型方法、标准养护条件及强度试验方法应符合现行国家标准《普通混凝土力学性能试验方法标准》GB/T 50081—2002 的规定。

混凝土试件的尺寸及强度的尺寸换算系数　　**表 2-1**

骨料最大粒径(mm)	试件尺寸(mm)	强度的尺寸换算系数
≤31.5	100×100×100	0.95
≤40	150×150×150	1.00
≤63	200×200×200	1.05

注：对强度等级为 C60 及以上的混凝土试件，其强度换算系数可通过试验确定。

（3）结构构件拆模、出池、出厂、吊装、张拉、放张及施工期间临时负荷时的混凝土强度，应根据同条件养护的标准尺寸试件的混凝土强度确定。

（4）当混凝土试件强度评定不合格时，可采用非破损或局部破损的检测方法，按国家现行有关标准的规定对结构构件中的混凝土强度进行推定，并作为处理的依据。

（5）混凝土的冬期施工应符合国家现行标准《建筑工程冬期施工规程》（JGJ/T 104—2011）的规定。

2.2　验收项目

2.2.1　原材料

1. 主控项目

（1）水泥进场时应对其品种、级别、包装或散装仓号、出厂日期等进行检查，并应对其强度、安定性及其他必要的性能指标进行复验，其质量必须符合现行国家标准《通用硅酸盐水泥》GB 175—2007 等的规定。

当在使用中对水泥质量有怀疑或水泥出厂超过三个月（快硬硅酸盐水泥超过一个月）

时，应进行复验，并按复验结果使用。

钢筋混凝土结构、预应力混凝土结构中，严禁使用含氯化物的水泥。

(2) 混凝土中掺用外加剂的质量及应用技术应符合现行国家标准《混凝土外加剂》GB 8076—2008、《混凝土外加剂应用技术规范》GB 50119—2013 等和有关环境保护的规定。

预应力混凝土结构中，严禁使用含氯化物的外加剂。钢筋混凝土结构中，当使用含氯化物的外加剂时，混凝土中氯化物的总含量应符合现行国家标准《混凝土质量控制标准》GB 50164—2011 的规定。

(3) 混凝土中氯化物和碱的总含量应符合相关规范和设计的要求。

2. 一般项目

(1) 混凝土中掺用矿物掺合料的质量应符合现行国家标准《用于水泥和混凝土中的粉煤灰》GB/T 1596—2005 等的规定。矿物掺合料的掺量应通过试验确定。

(2) 普通混凝土所用的粗、细骨料的质量应符合国家现行标准《普通混凝土用砂、石质量及检验方法标准》JGJ 52—2006 的规定。

1) 混凝土中的粗骨料，其最大颗粒粒径不得超过构件截面最小尺寸的 1/4，且不得超过钢筋最小净距的 3/4。

2) 对混凝土实心板，骨料的最大粒径不宜超过板厚的 1/3，且不得超过 40mm。

(3) 拌制混凝土宜采用饮用水；当采用其他水源时，水质应符合国家现行标准《混凝土用水标准》JGJ 63—2006 的规定。

2.2.2 配合比设计

1. 主控项目

混凝土应按国家现行标准《普通混凝土配合比设计规程》JGJ 55—2011 的有关规定，根据混凝土强度等级、耐久性和工作性等要求进行配合比设计。对有特殊要求的混凝土，尚应符合国家现行有关标准的专门规定。

2. 一般项目

(1) 首次使用的混凝土配合比应进行开盘鉴定，其工作性应满足设计配合比的要求。开始生产时应至少留置一组标准养护试件，作为验证配合比的依据。

(2) 混凝土拌制前，应测定砂、石含水率并根据测试结果调整材料用量，提出施工配合比。

2.2.3 混凝土施工

1. 主控项目

(1) 结构混凝土的强度等级必须符合设计要求，用于检查结构构件混凝土强度的试件，应在混凝土的浇筑地点随机抽取。取样与试件留置应符合下列规定：

1) 每拌制 100 盘且不超过 $100m^3$ 的同配合比的混凝土，取样不得少于 1 次。

2) 每工作班拌制的同一配合比的混凝土不足 100 盘时，取样不得少于 1 次。

3) 当一次连续浇筑超过 $1000m^3$ 时，同一配合比的混凝土每 $200m^3$ 取样不得少于 1 次。

4）每一楼层、同一配合比的混凝土，取样不得少于1次。

5）每次取样应至少留置一组标准养护试件，同条件养护试件的留置组数应根据实际需要确定。

（2）对有抗渗要求的混凝土结构，其混凝土试件应在浇筑地点随机取样。同一工程、同一配合比的混凝土，取样不应少于1次，留置组数可根据实际需要确定。

（3）混凝土原材料每盘称量的偏差应符合相关规范的规定。

（4）混凝土运输、浇筑及间歇的全部时间不应超过混凝土的初凝时间。同一施工段的混凝土应连续浇筑，并应在底层混凝土初凝之前将上一层混凝土浇筑完毕。

当底层混凝土初凝后浇筑上一层混凝土时，应按施工技术方案中对施工缝的要求进行处理。

2. 一般项目

（1）施工缝的位置应在混凝土浇筑前按设计要求和施工技术方案确定。施工缝的处理应按施工技术方案执行。

（2）后浇带的留置位置应按设计要求和施工技术方案确定。后浇带混凝土浇筑应按施工技术方案进行。

（3）混凝土浇筑完毕后，应按施工技术方案及时采取有效的养护措施，并应符合相关规范的规定。同时，还应符合下列要求：采用塑料布覆盖养护的混凝土，其敞露的全部表面应覆盖严密，并应保持塑料布内有凝结水；混凝土强度达到1.2N/mm^{2}前，不得在其上踩踏或安装模板及支架；当采用其他品种水泥时，混凝土的养护时间应根据所采用水泥的技术性能确定；混凝土表面不便浇水或使用塑料布时，宜涂刷养护剂；对大体积混凝土的养护，应根据气候条件按施工技术方案采取控温措施。

3. 验收规定

混凝土结构施工质量检查可分为过程控制检查和拆模后的实体质量检查。过程控制检查应在混凝土施工全过程中，按施工段划分和工序安排及时进行；拆模后的实体质量检查应在混凝土表面未做处理和装饰前进行。

2.3 质量控制标准

2.3.1 混凝土结构质量检查

混凝土结构质量的检查，应符合下列规定：

（1）检查的频率、时间、方法和参加检查的人员，应当根据质量控制的需要确定。

（2）施工单位应对完成施工的部位或成果的质量进行自检，自检应全数检查。

（3）混凝土结构质量检查应做出记录。对于返工和修补的构件，应有返工修补前后的记录，并应有图像资料。

（4）混凝土结构质量检查中，对于已经隐蔽、不可直接观察和量测的内容，可检查隐蔽工程验收记录。

（5）需要对混凝土结构的性能进行检验时，应委托有资质的检测机构检测并出具检测报告。

2.3.2 混凝土结构质量过程控制检查

（1）模板宜包括下列内容：

1）模板与模板支架的安全性；

2）模板位置、尺寸；

3）模板的刚度和密封性；

4）模板涂刷隔离剂及必要的表面湿润；

5）模板内杂物清理。

（2）钢筋及预埋件宜包括下列内容：

1）钢筋的规格、数量；

2）钢筋的位置；

3）钢筋的保护层厚度；

4）预埋件（预埋管线、箱盒、预留孔洞）规格、数量、位置及固定。

（3）混凝土拌合物宜包括下列内容：

1）坍落度、入模温度等；

2）大体积混凝土的温度测控。

（4）混凝土浇筑宜包括下列内容：

1）混凝土输送、浇筑、振捣等；

2）混凝土浇筑时模板的变形、漏浆等；

3）混凝土浇筑时钢筋和预埋件（预埋管线、预留孔洞）位置；

4）混凝土试件制作；

5）混凝土养护；

6）施工载荷加载后，模板与模板支架的安全性。

2.3.3 混凝土结构拆除模板后的实体质量检查

1. 构件的尺寸、位置

（1）轴线位置、标高；

（2）截面尺寸、表面平整度；

（3）垂直度（构件垂直度、单层垂直度和全高垂直度）。

2. 预埋件

（1）数量；

（2）位置。

3. 构件的外观缺陷

（略）。

4. 构件的连接及构造做法

（略）。

2.3.4 混凝土结构质量控制标准

混凝土结构质量过程控制检查、拆模后实体质量检查的方法与合格判定，应符合现行国家标准《混凝土结构工程施工质量验收规范》GB 50204—2015 等的有关规定。有关标准未作规定时，可在施工方案中作出规定并经监理单位批准后实施。

2.3.5 现浇结构验收

（1）现浇结构质量验收应在拆模后、混凝土表面未做修整和装饰前进行、并应做出记录。

（2）已经隐蔽的不可直接观察和量测的内容，可检查隐蔽观察验收记录。

（3）修整或返工的结构构件或部位应有实施前后的文字及图像记录。

2.3.6 现浇结构的外观质量缺陷

现浇结构的外观质量缺陷应由监理单位、施工单位等各方根据其对结构性能和使用功能影响的严重程度，按表 2-2 确定。

现浇结构外观质量缺陷　　表 2-2

名称	现象	严重缺陷	一般缺陷
露筋	构件内钢筋未被混凝土包裹而外露	纵向受力钢筋有露筋	其他钢筋有少量露筋
蜂窝	混凝土表面缺少水泥浆而形成石子外露	构件主要受力部位有蜂窝	其他部位有少量蜂窝
孔洞	混凝土中孔穴深度和长度均超过保护层厚度	构件主要受力部位有孔洞	其他部位有少量孔洞
夹渣	混凝土中夹有杂物且深度超过保护层厚度	构件主要受力部位有夹渣	其他部位有少量夹渣
疏松	混凝土中局部不密实	构件主要受力部位有疏松	其他部位有少量疏松
裂缝	缝隙从混凝土表面延伸至混凝土内部	构件主要受力部位有影响结构性能或使用功能的裂缝	其他部位有少量不影响结构性能或使用功能的裂缝
连接部位缺陷	构件连接处混凝土缺陷及连接钢筋、连接铁件松动	连接部位有影响结构传力性能的缺陷	连接部位有基本不影响结构传力性能的缺陷
外形缺陷	缺棱掉角、棱角不直、翘曲不平、飞出凸肋等	清水混凝土构件内有影响使用功能或装饰效果的外形缺陷	其他混凝土构件有不影响使用功能的外形缺陷
外表缺陷	构件表面麻面、掉皮、起砂、沾污等	具有重要装饰效果的清水混凝土构件有外表缺陷	其他混凝土构件有不影响使用功能的外表缺陷

对现浇结构外观质量的验收，采用检查缺陷，并对缺陷的性质和数量加以限制的方法进行。表 2-2 给出了确定现浇结构外观严重缺陷、一般缺陷的一般原则。各种缺陷的数量限制可由各地根据实际情况作出具体规定。当外观质量缺陷的严重程度超过表 2-2 规定的一般缺陷时，可按照严重缺陷处理。在具体实施中，外观质量缺陷对结构性能和使用功能等的影响程度，应由监理（建设）单位、施工单位等各方共同确定。对于具有重要装饰效果的清水混凝土，考虑到其装饰效果属于主要使用功能，故将其表面外形缺陷、外表缺陷确定为严重缺陷。

现浇结构拆模后，应由监理（建设）单位、施工单位对外观质量和尺寸偏差进行检查，做出记录，并应及时按施工技术方案对缺陷进行处理。不论何种缺陷都应及时处理，并重新检查验收。

施工过程中发现混凝土结构缺陷时，应认真分析缺陷产生的原因。对严重缺陷施工单位应制定专项修整方案，方案应经论证审批后再实施，不得擅自处理。

混凝土结构外观一般缺陷修整应符合下列规定：

（1）对于露筋、蜂窝、孔洞、夹渣、疏松、外表缺陷，应凿除胶结不牢固部分的混凝土，应清理表面，洒水湿润后应用1∶2～1∶2.5水泥砂浆抹平。

（2）应封闭裂缝。

（3）连接部位缺陷、外形缺陷可与面层装饰施工一并处理。

混凝土结构外观严重缺陷修整应符合下列规定：

（1）对于露筋、蜂窝、孔洞、夹渣、疏松、外表缺陷，应凿除胶结不牢固部分的混凝土至密实部位，清理表面，支设模板，洒水湿润，涂抹混凝土界面剂，应采用比原混凝土强度等级高一级的细石混凝土浇筑密实，养护时间不应少于7d。

（2）开裂缺陷修整应符合下列规定：

1）对于民用建筑的地下室、卫生间、屋面等接触水介质的构件，均应注浆封闭处理，注浆材料可采用环氧、聚氨酯、氰凝、丙凝等。对于民用建筑不接触水介质的构件，可采用注浆封闭、聚合物砂浆粉刷或其他表面封闭材料进行封闭。

2）对于无腐蚀介质工业建筑的地下室、屋面、卫生间等接触水介质的构件以及有腐蚀介质的所有构件，均应注浆封闭处理，注浆材料可采用环氧、聚氨酯、氰凝、丙凝等。对于无腐蚀介质工业建筑不接触水介质的构件，可采用注浆封闭、聚合物砂浆粉刷或其他表面封闭材料进行封闭。

（3）清水混凝土的外形和外表严重缺陷，宜在水泥砂浆或细石混凝土修补后用磨光机械磨平。

混凝土结构尺寸偏差一般缺陷，可采用装饰修整方法修整。

混凝土结构尺寸偏差严重缺陷，应会同设计单位共同制定专项修整方案，结构修整后应重新检查验收。

2.4 外观质量

外观质量的严重缺陷通常会影响到结构性能、使用功能或耐久性。对已经出现的严重缺陷，应由施工单位根据缺陷的具体情况提出具体技术处理方案，经监理（建设）单位认可后进行处理，并重新检查验收。

混凝土工程是建筑工程中的主导工程，在施工过程中各道工序相互联系、相互影响，如果在施工过程中有一个环节处理不当就会影响到混凝土的质量。

2.4.1 常见混凝土外观缺陷

1. 混凝土露筋

露筋即钢筋没有被混凝土包裹而外露（图2-1）。

(a) (b)

图 2-1 露筋

2. 混凝土蜂窝

蜂窝是混凝土表面无水泥砂浆，露出石子的深度大于 5mm，但小于保护层的蜂窝状缺陷（图 2-2）。

(a) (b)

图 2-2 蜂窝

3. 混凝土孔洞

孔洞是指混凝土结构内存在孔隙，局部或全部无混凝土，属于较严重的质量事故（图 2-3）。

4. 混凝土夹渣

混凝土中夹有杂物且深度超过保护层厚度（图 2-4）。

5. 混凝土疏松

混凝土中局部不密实（图 2-5）。

6. 混凝土裂缝

混凝土裂缝有多种原因，主要原因有干缩裂缝、塑性收缩裂缝、沉降裂缝、温差裂缝、荷载裂缝、化学反应引起的裂缝。

混凝土裂缝大体有以下几种：

(a) (b)

图 2-3 孔洞

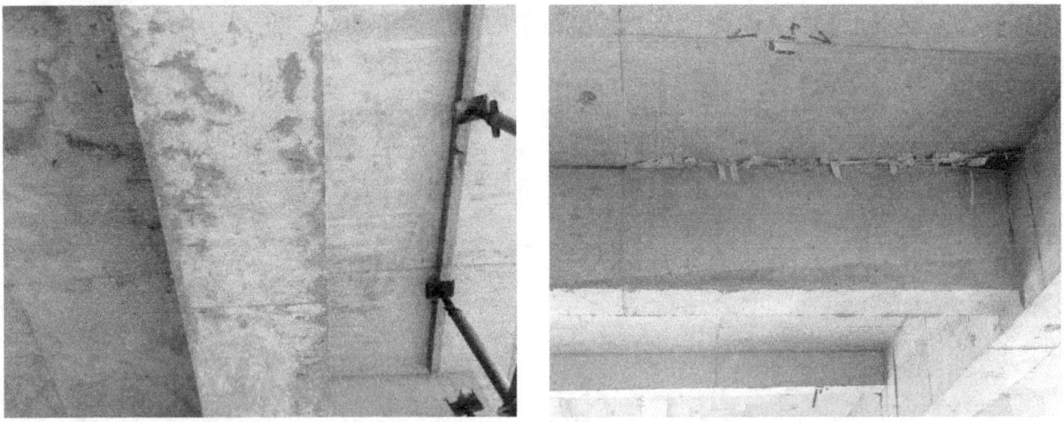

(a) (b)

图 2-4 夹渣

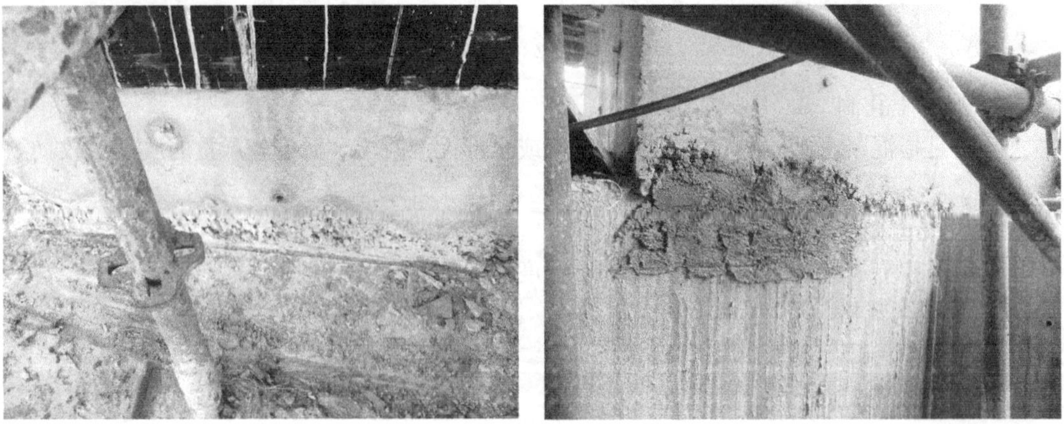

(a) (b)

图 2-5 疏松

（1）干缩裂缝

干缩裂缝多出现在混凝土养护结束后的一段时间或是混凝土浇筑完毕后的一周左右。干缩裂缝的产生主要是由于混凝土内外水分蒸发程度不同而导致变形不同的结果（图 2-6）。

干缩裂缝通常会影响混凝土的抗渗性，引起钢筋的锈蚀，影响混凝土的耐久性，在水压力的作用下会产生水力劈裂，影响混凝土的承载力等。混凝土干缩主要和混凝土的原材料、施工、环境因素等有关。混凝土板面开裂形成渗水通道（图 2-7）。

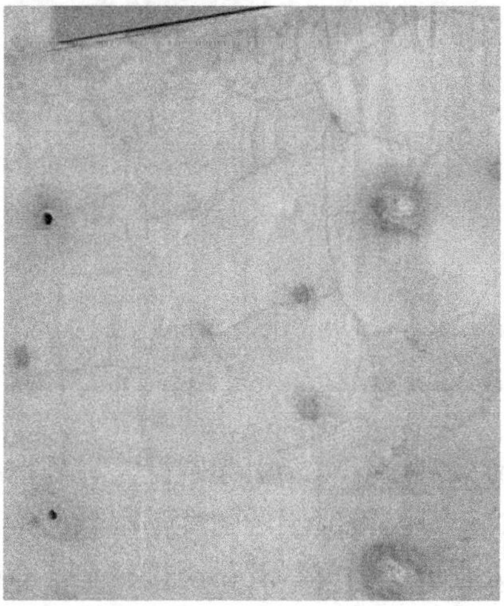

图 2-6　墙体面干缩裂缝

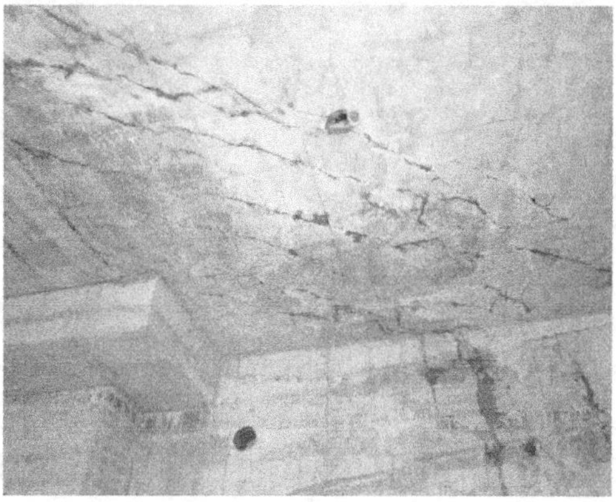

图 2-7　混凝土板面开裂形成渗水通道

（2）塑性收缩裂缝

塑性收缩是指混凝土在凝结之前，表面因失水较快而产生的收缩。塑性收缩裂缝一般在干热或大风天气出现，其产生的主要原因为：混凝土在终凝前几乎没有强度或强度很小，或者混凝土刚刚终凝而强度很小时，受高温或较大风力的影响，混凝土表面失水过快，表面呈现龟裂。

（3）沉降裂缝

沉降裂缝的产生是由于结构地基土质不匀、松软，或回填土不实或浸水而造成不均匀沉降所致。或者因为模板刚度不足，模板支撑间距过大或支撑底部松动等导致，特别是在冬季，模板支撑在冻土上，冻土化冻后产生不均匀沉降，致使混凝土结构产生裂缝。地基变形稳定之后，沉降裂缝也基本趋于稳定（图 2-8）。

（4）温差裂缝

温差裂缝多发生在大体积混凝土表面或温差变化较大地区的混凝土结构中。混凝土浇筑后，水泥水化产生大量的水化热聚积在混凝土内部而不易散发，导致内部温度急剧上升，而混凝土表面散热较快，这样就形成内外的较大温差，较大的温差造成内部与外部热胀冷缩的程度不同，使混凝土表面产生一定的拉应力。当拉应力超过混凝土的抗拉强度极限时，混凝土表面就会产生裂缝，如图 2-9 所示。通常大体积温差控制在内表温差在 25℃以内，外表温度在 20℃以内。此种裂缝的出现会引起钢筋的锈蚀，混凝土的碳化，降低混凝土的抗冻融、抗疲劳及抗渗能力等。

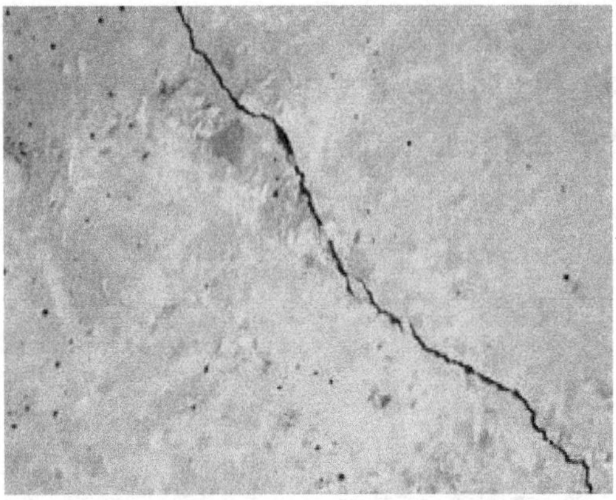

图 2-8 不均匀沉降楼板拉裂

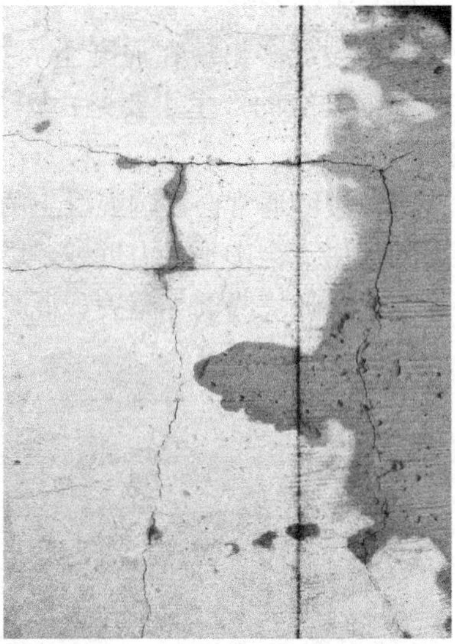

图 2-9 大体积混凝土温度裂缝

(5) 荷载裂缝

地基沉陷、结构超载或结构主筋位移减小了断面有效高度，都会引起裂缝。另外混凝土施工浇灌完成以后，经凝结硬化以后逐渐产生强度，但早期混凝土的强度是很低的，不应受到荷载的作用。通常由于工期紧，楼板刚达到上人强度时，材料就吊至楼板上，有时材料集中堆放，荷载较大，产生裂缝，如图 2-10 所示。

(6) 化学反应引起的裂缝

碱骨料反应裂缝和钢筋锈蚀引起的裂缝是钢筋混凝土结构中最常见的由于化学反应而引起的裂缝，如图 2-11 所示。

图 2-10 施工时的混凝土楼板早期裂缝

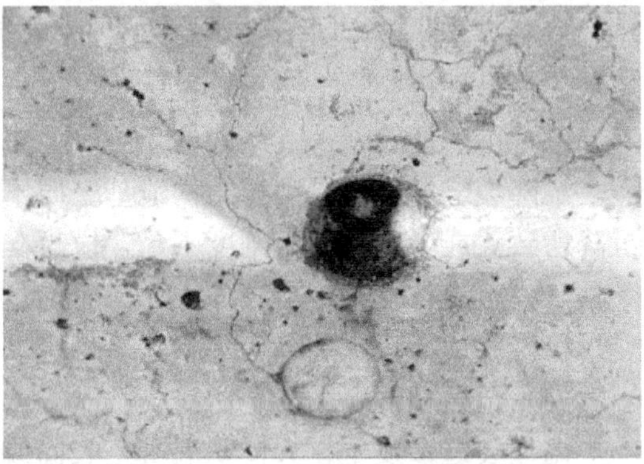

图 2-11 骨料反应裂缝

混凝土拌合后会产生一些碱性离子，这些离子与某些活性骨料产生化学反应并吸收周围环境中的水而体积增大，造成混凝土酥松、膨胀开裂。这种裂缝一般出现在混凝土结构使用期间，一旦出现很难补救，因此应在施工中采取有效措施进行预防。

(7) 混凝土麻面

麻面是结构构件表面不光滑、表面呈现无数的小凹点，而无钢筋暴露的现象（图 2-12）。

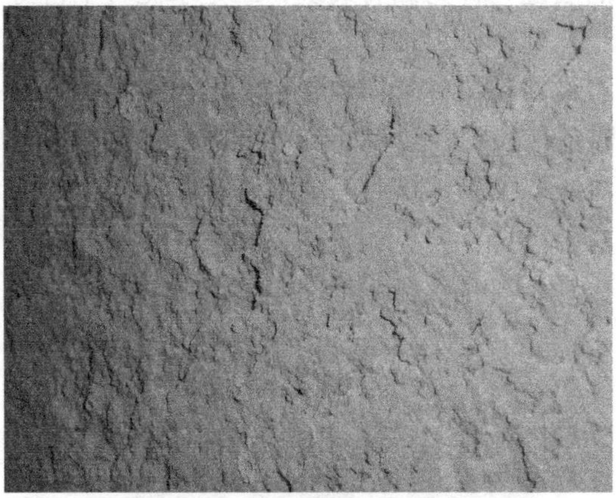

(a)

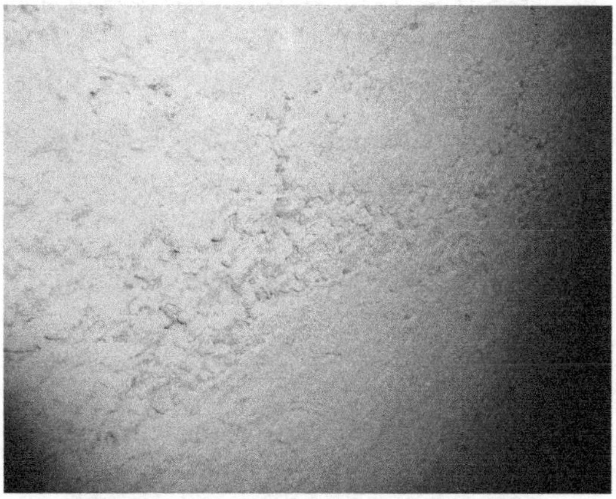

(b)

图 2-12　麻面

(8) 混凝土气泡

混凝土中存在大量气泡，会对混凝土强度造成影响，当混凝土含气量每增加 1%时，28d 抗压强度下降 5%。但若是加入优质的引气剂，可以在混凝土中形成直径 20～200μm 的微小气泡，使气泡不仅分布均匀而且密闭独立，在混凝土施工过程中有一定的稳定性。从混凝土结构理论上来讲，直径如此小的气泡形成的孔隙属于毛细范围不但不会降低强度，还会大大提高混凝土的耐久性。而当混凝土表面气泡大于以上标准时，对混凝土将会带来不利影响（图 2-13）。

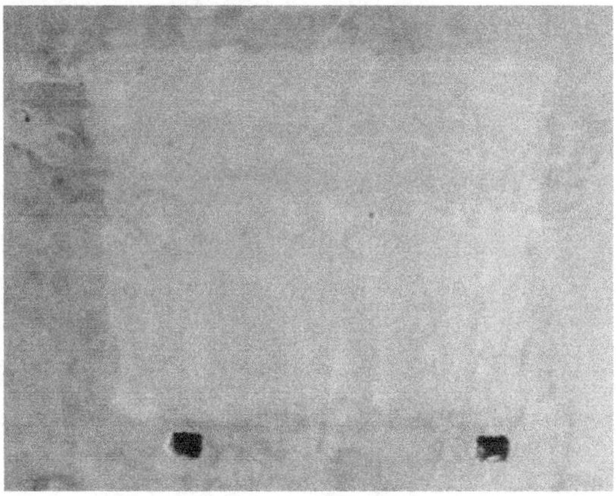

(a)

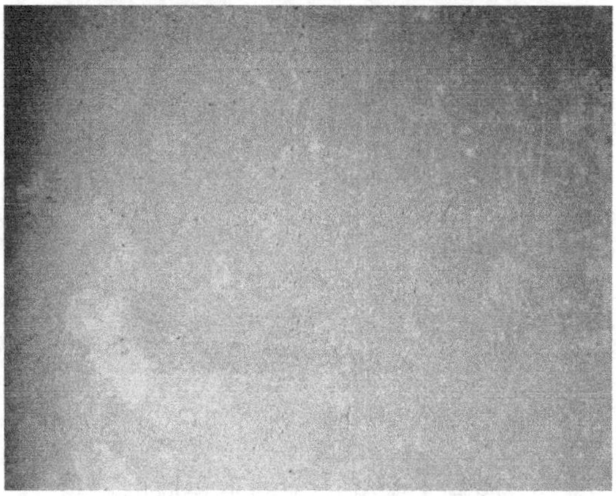

(b)

图 2-13　气泡

(9) 混凝土缺棱掉角、棱角不直、翘曲不平、胀模、飞出凸肋

混凝土缺棱掉角是指梁、柱、板、墙以及洞口的直角边上的混凝土局部残损掉落（图 2-14～图 2-17）。

2.4.2　混凝土裂缝的形成和控制

混凝土结构物的裂缝可分为微观裂缝和宏观裂缝。微观裂缝是指那些肉眼看不见的裂缝，主要有三种：一是骨料与水泥石粘合面上的裂缝，称为黏着裂缝；二是水泥石中自身的裂缝，称为水泥石裂缝；三是骨料本身的裂缝，称为骨料裂缝。微观裂缝在混凝土结构中的分布是不规则、不贯通的。反之，肉眼看得见的裂缝称为宏观裂缝，这类裂缝的范围一般不小于 0.05mm。宏观裂缝是微观裂缝扩展而来的。因此在混凝土结构中裂缝是绝对存在的，只是应将其控制在符合规范要求范围内，以不致发展到有害裂缝。

图 2-14　缺棱掉角（一）

图 2-15　缺棱掉角（二）

图 2-16　胀模

图 2-17　飞出凸肋

1. 混凝土裂缝产生的主要原因

混凝土结构的宏观裂缝产生的原因主要有三种：一是由外荷载引起的，这是发生最为普遍的一种情况，即按常规计算的主要应力引起的；二是结构次应力引起的裂缝，这是由于结构的实际工作状态与计算假设模型的差异引起的；三是变形应力引起的裂缝，这是由温度、收缩、膨胀、不均匀沉降等因素引起的结构变形，当变形受到约束时便产生应力，当此应力超过混凝土抗拉强度时就产生裂缝。

当混凝土结构物产生变形时，在结构的内部、结构与结构之间，都会受到相互影响、相互制约，这种现象称为约束。当混凝土结构截面较厚时，其内部温度和湿度分布不均匀，引起内部不同部位的变形相互约束，这样的约束称之为内约束；当一个结构物的变形受到其他结构的阻碍所受到的约束称为外约束。外约束又可分为自由体、全约束和弹性约束。建筑工程中的大体积混凝土结构所承受的变形，主要是因温差和收缩而产生的。

建筑工程中的大体积混凝土结构中，由于结构截面大，水泥用量多，水泥水化所释放的水化热会产生较大的温度变化和收缩作用，由此形成的温度收缩应力是导致钢筋混凝土产生裂缝的主要原因。这种裂缝有表面裂缝和贯通裂缝两种。表面裂缝是由于混凝土表面和内部的散热条件不同，温度外低内高，形成了温度梯度，使混凝土内部产生压应力，表面产生拉应力，表面的拉应力超过混凝土抗拉强度而引起的。贯通裂缝是由于大体积混凝土在强度发展到一定程度，混凝土逐渐降温，这个降温差引起的变形加上混凝土失水引起的体积收缩变形，受到地基和其他结构边界条件的约束时引起的拉应力，超过混凝土抗拉强度时所可能产生的贯通整个截面的裂缝。这两种裂缝不同程度上，都属有害裂缝。

高强度的混凝土早期收缩较大，这是由于高强混凝土中以 30%～60%矿物细掺合料替代水泥，高效减水剂掺量为胶凝材料总量的 1%～2%，水胶比为 0.25～0.40，改善了混凝土的微观结构，给高强混凝土带来许多优良特性，但其负面效应最突出的是混凝土收缩裂缝几率增多。高强混凝土的收缩，主要是干燥收缩、温度收缩、塑性收缩、化学收缩和自收缩。混凝土初现裂纹的时间可以作为判断裂纹原因的参考：塑性收缩裂纹大约在浇筑后几小时到十几小时出现；温度收缩裂纹大约在浇筑后 2～10d 出现；自收缩主要发生在混凝土凝结硬化后的几天到几十天；干燥收缩裂纹出现在接近 1 年龄期内。

干燥收缩：当混凝土在不饱和空气中失去内部毛细孔和凝胶孔的吸附水时，就会产生干缩，高性能混凝土的孔隙率比普通混凝土低，故干缩率也低。

塑性收缩：塑性收缩发生在混凝土硬化前的塑性阶段。高强混凝土的水胶比低，自由水分少，矿物细掺合料对水有更高的敏感性，高强混凝土基本不泌水，表面失水更快，所以高强混凝土塑性收缩比普通混凝土更容易产生。

自收缩：密闭的混凝土内部相对湿度随水泥水化的进展而降低，称为自干燥。自干燥造成毛细孔中的水分不饱和而产生负压，因而引起混凝土的自收缩。高强混凝土由于水胶比低，早期强度较快的发展，会使自由水消耗快，致使孔体系中相对湿度低于 80%，而高强混凝土结构较密实，外界水很难渗入补充，导致混凝土产生自收缩。高强混凝土的总收缩中，干缩和自收缩几乎相等，水胶比越低，自收缩所占比例越大。与普通混凝土完全不同，普通混凝土以干缩为主，而高强混凝土以自收缩为主。

温度收缩：对于强度要求较高的混凝土，水泥用量相对较多，水化热大，温升速率也较大，一般可达 35～40℃，加上初始温度可使最高温度超过 70～80℃。一般混凝土的热膨胀系数为 10×10^{-6}/℃，当温度下降 20～25℃时造成的冷缩量为 $2\sim2.5\times10^{-4}$，而混凝土的极限拉伸值只有 $1\sim1.5\times10^{-4}$，因而冷缩常引起混凝土开裂。

化学收缩：水泥水化后，固相体积增加，但水泥-水体系的绝对体积则减小，形成许多毛细孔缝，高强混凝土水胶比小，外掺矿物细掺合料，水化程度受到制约，故高强混凝土的化学收缩量小于普通混凝土。

当混凝土发生收缩并受到外部或内部约束时，就会产生拉应力，并有可能引起开裂。对于高强混凝土虽然有较高的抗拉强度，可是弹性模量也高，在相同收缩变形下，会引起较高的拉应力，而由于高强混凝土的徐变能力低，应力松弛量较小，所以抗裂性能差。

2. 大体积混凝土裂缝控制的计算

(1) 大体积混凝土温度计算公式

1) 最大绝热温升（二式取其一）

① $T_h=(m_c+k\cdot F)Q/c\cdot\rho$ (2-1)

② $T_h=m_c\cdot Q/c\cdot\rho(1-e-mt)$ (2-2)

式中 T_h——混凝土最大绝热温升（℃）；

m_c——混凝土中水泥（包括膨胀剂）用量（kg/m³）；

F——混凝土活性掺合料用量（kg/m³）；

k——掺合料折减系数，粉煤灰取0.25～0.30；

Q——水泥28d水化热（kJ/kg），查表2-3；

c——混凝土比热，取0.97［kJ/(kg·K)］；

ρ——混凝土密度，取2400（kg/m³）；

e——常数，取2.718；

t——混凝土的龄期（d）；

m——系数，随浇筑温度改变，查表2-4。

不同品种、强度等级水泥的水化热 **表2-3**

水泥品种	水泥强度等级	水化热 Q(kJ/kg)		
		3d	7d	28d
硅酸盐水泥	42.5	314	354	375
	32.5	250	271	334
矿渣硅酸盐水泥	32.5	180	256	334

系数 m **表2-4**

浇筑温度(℃)	5	10	15	20	25	30
m(l/d)	0.295	0.318	0.340	0.362	0.384	0.406

2) 混凝土中心计算温度

$$T_1(t)=T_j+T_h\cdot\xi(t) \quad (2\text{-}3)$$

式中 $T_1(t)$——t龄期混凝土中心计算温度（℃）；

T_j——混凝土浇筑温度（℃）；

$\xi(t)$——t龄期降温系数，查表2-5。

降温系数 ξ **表2-5**

浇筑层厚度(m)	龄期 t(d)									
	3	6	9	12	15	18	21	24	27	30
1.0	0.36	0.29	0.17	0.09	0.05	0.03	0.01			
1.25	0.42	0.31	0.19	0.11	0.07	0.04	0.03			
1.50	0.49	0.46	0.38	0.29	0.21	0.15	0.12	0.08	0.05	0.04
2.50	0.65	0.62	0.57	0.48	0.38	0.29	0.23	0.19	0.16	0.15
3.00	0.68	0.67	0.63	0.57	0.45	0.36	0.30	0.25	0.21	0.19
4.00	0.74	0.73	0.72	0.65	0.55	0.46	0.37	0.30	0.25	0.24

3）混凝土表层（表面下50～100mm处）温度

① 保温材料厚度（或蓄水养护深度）

$$\delta=0.5h\cdot\lambda_x(T_2-T_q)K_b/\lambda(T_{max}-T_2) \quad (2\text{-}4)$$

式中 δ——保温材料厚度（m）；

λ_x——所选保温材料导热系数［W/(m·K)］，查表2-6；

T_2——混凝土表面温度（℃）；

T_q——施工期大气平均温度（℃）；

λ——混凝土导热系数，取2.33［W/(m·K)］；

T_{max}——计算得混凝土最高温度（℃），$T_{max}=T_2=20\sim25$℃；

K_b——传热系数修正值，取1.3～2.0，查表2-7。

几种保温材料导热系数 **表2-6**

材料名称	密度(kg/m³)	导热系数λ[W/(m·K)]	材料名称	密度(kg/m³)	导热系数λ[W/(m·K)]
建筑钢材	7800	58	矿棉、岩棉	110～200	0.031～0.06
钢筋混凝土	2400	2.33	沥青矿棉毡	100～160	0.033～0.052
水		0.58	泡沫塑料	20～50	0.035～0.047
木模板	500～700	0.23	膨胀珍珠岩	40～300	0.019～0.065
木屑		0.17	油毡		0.05
草袋	150	0.14	膨胀聚苯板	15～25	0.042
沥青蛭石板	350～400	0.081～0.105	空气		0.03
膨胀蛭石	80～200	0.047～0.07	泡沫混凝土		0.10

计算时可取 $T_2-T_q=15\sim20$℃。

传热系数修正值 **表2-7**

序号	保温层种类	K_1	K_2
1	纯粹由容易透风的材料组成(如:草袋、稻草板、锯末、砂子)	2.6	3.0
2	由易透风材料组成,但在混凝土面层上再铺一层不透风材料	2.0	2.3
3	在易透风保温材料上铺一层不易透风材料	1.6	1.9
4	在易透风保温材料上下各铺一层不易透风材料	1.3	1.5
5	纯粹由不易透风材料组成(如:油布、帆布、棉麻毡、胶合板)	1.3	1.5

注：1. K_1值为一般刮风情况（风速＜4m/s，结构位置＞25m）。

2. K_2值为刮大风情况。

② 如采用蓄水养护，蓄水养护深度

$$h_w=x\cdot M(T_{max}-T_2)K_b\cdot\lambda_w/(700T_j+0.28mc\cdot Q) \quad (2\text{-}5)$$

式中 h_w——养护水深度（m）；

x——混凝土维持到指定温度的延续时间，即蓄水养护时间（h）；

M——混凝土结构表面系数（1/m），$M=F/V$；

F——与大气接触的表面积（m^2）；

V——混凝土体积（m^3）；

$T_{max}-T_2$——一般取20～25（℃）；

K_b——传热系数修正值；

700——折算系数［kJ/(m³·K)］；

λ_w——水的导热系数，取0.58［W/(m·K)］。

③ 混凝土表面模板及保温层的传热系数

$$\beta=1/[\Sigma\delta_i/\lambda_i+1/\beta_q] \quad (2\text{-}6)$$

式中 β——混凝土表面模板及保温层等的传热系数［W/(m²·K)］；

δ_i——各保温材料厚度（m）；

λ_i——各保温材料导热系数［W/(m·K)］；

β_q——空气层的传热系数，取23［W/(m²·K)］。

④ 混凝土虚厚度

$$h'=k\cdot\lambda/\beta \quad (2\text{-}7)$$

式中 h'——混凝土虚厚度（m）；

k——折减系数，取2/3；

λ——混凝土导热系数，取2.33［W/(m·K)］。

⑤ 混凝土计算厚度

$$H=h+2h' \quad (2\text{-}8)$$

式中 H——混凝土计算厚度（m）；

h——混凝土实际厚度（m）。

⑥ 混凝土表层温度

$$T_2(t)=T_q+4\cdot h'(H-h')[T_1(t)-T_q]/H_2 \quad (2\text{-}9)$$

式中 $T_2(t)$——混凝土表面温度（℃）；

T_q——施工期大气平均温度（℃）；

h'——混凝土虚厚度（m）；

H——混凝土计算厚度（m）；

$T_1(t)$——混凝土中心温度（℃）。

4）混凝土内平均温度

$$T_m(t)=[T_1(t)+T_2(t)]/2 \quad (2\text{-}10)$$

（2）应力计算公式

1）地基约束系数

① 单纯地基阻力系数 C_{x1}（N/mm³），查表2-8。

单纯地基阻力系数 C_{x1}（N/mm³） **表2-8**

土质名称	承载力(kN/m²)	C_{x1}推荐值
软黏土	80～150	0.01～0.03
砂质黏土	250～400	0.03～0.06
坚硬黏土	500～800	0.06～0.10
风化岩石和低强度素混凝土	5000～10000	0.60～1.00
C10以上配筋混凝土	5000～10000	1.00～1.50

② 桩的阻力系数

$$C_{x2}=Q/F \quad (2\text{-}11)$$

式中 C_{x2}——桩的阻力系数（N/mm^3）；

Q——桩产生单位位移所需水平力（N/mm）；

F——每根桩分担的地基面积（mm^2）。

当桩与结构铰接时：$Q=2E\cdot I\ [K_nD/(4E\cdot I)]\ 3/4$；

当桩与结构固接时：$Q=4E\cdot I\ [K_nD/(4E\cdot I)]\ 3/4$；

E——桩混凝土的弹性模量（N/mm^2）；

I——桩的惯性矩（mm^4）；

K_n——地基水平侧移刚度，取 1×10^{-2}（N/mm^3）；

D——桩的直径或边长（mm）。

③ 大体积混凝土瞬时弹性模量

$$E(t)=E_0(1-e-0.09t) \quad (2\text{-}12)$$

式中 $E(t)$——龄期混凝土弹性模量（N/mm^2）；

E_0——28d 混凝土弹性模量（N/mm^2），查表 2-9；

e——常数，取 2.718；

t——龄期（d）。

混凝土常用数据 **表 2-9**

强度等级	弹性模量 E（$\times10^4 N/mm^2$）	强度标准值（N/mm^2）		强度设计值（N/mm^2）	
		轴心抗压 f_{ck}	抗拉 f_{tk}	轴心抗压 f_c	抗拉 f_t
C7.5	1.45	5	0.75	3.7	0.55
C10	1.75	6.7	0.90	5	0.65
C15	2.20	10	1.20	7.5	0.90
C20	2.55	13.5	1.50	10	1.10
C25	2.80	17	1.75	12.5	1.30
C30	3.00	20	2.00	15	1.50
C35	3.15	23.5	2.25	17.5	1.65
C40	3.25	27	2.45	19.5	1.80
C45	3.35	29.5	2.60	21.5	1.90
C50	3.45	32	2.75	23.5	2.00
C55	3.55	34	2.85	25	2.10
C60	3.60	36	2.95	26.5	2.20

④ 地基约束系数

$$\beta(t)=(C_{x1}+C_{x2})/h\cdot E(t) \quad (2\text{-}13)$$

式中 $\beta(t)$——t 龄期地基约束系数（1/mm）；

h——混凝土实际厚度（mm）；

C_{x1}——单纯地基阻力系数（N/mm^3），查表 2-8；

C_{x2}——桩的阻力系数（N/mm^3）；

$E(t)$——t 龄期混凝土弹性模量（N/mm^2）。

2）混凝土干缩率和收缩当量温差

① 混凝土干缩率

$$\varepsilon_{Y(t)}=\varepsilon_{0Y}(1-e-0.01t)M_1\cdot M_2\cdots\cdots M_{10} \quad (2\text{-}14)$$

式中 $\varepsilon_{Y(t)}$——t 龄期混凝土干缩率；

ε_{0Y}——标准状态下混凝土极限收缩值，取 3.24×10^{-4}；

$M_1\cdot M_2\cdots\cdots M_{10}$——各修正系数，查表 2-10。

修正系数 $M_1\sim M_{10}$ **表 2-10**

水泥品种	M_1	水泥细度（cm^2/g）	M_2	骨料品种	M_3	W/C	M_4	水泥浆量（%）	M_5
普通水泥	1.00	1500	0.92	花岗岩	1.00	0.2	0.65	15	0.90
矿渣水泥	1.25	2000	0.93	玄武岩	1.00	0.3	0.85	20	1.00
快硬水泥	1.12	3000	1.00	石灰岩	1.00	0.4	1.00	25	1.20
低热水泥	1.10	4000	1.13	砾岩	1.00	0.5	1.21	30	1.45
石灰矿渣水泥	1.00	5000	1.35	无粗骨料	1.00	0.6	1.42	35	1.75
火山灰水泥	1.00	6000	1.68	石英岩	0.80	0.7	1.62	40	2.10
抗硫酸盐水泥	0.78	7000	2.05	白云岩	0.95	0.8	1.80	45	2.55
矾土水泥	0.52	8000	2.42	砂岩	0.90	—	—	50	3.03
初期养护时值（d）	M_6	相对湿度 W（%）	M_7	L/F	M_8	操作方法	M_9	配筋率 E_aF_a/E_bF_b	M_{10}
1～2	1.11	25	1.25	0	0.54	机械振捣	1.00	0.00	1.00
3	1.09	30	1.18	0.1	0.76	人工振捣	1.10	0.05	0.86
4	1.07	40	1.10	0.2	1.00	蒸汽养护	0.85	0.10	0.76
5	1.04	50	1.00	0.3	1.03	高压釜处理	0.54	0.15	0.68
7	1.00	60	0.88	0.4	1.20			0.20	0.61
10	0.96	70	0.77	0.5	1.31			0.25	0.55
14～18	0.93	80	0.70	0.6	1.40				
40～90	0.93	90	0.54	0.7	1.45				
≥90	0.93			0.8	1.44				

注：L——底板混凝土截面周长；F——底板混凝土截面面积；E_a、F_a——钢筋的弹性模量、截面积；E_b、F_b——混凝土弹性模量、截面积。

② 收缩当量温差

$$T_{Y(t)}=\varepsilon_{Y(t)}/\alpha \quad (2\text{-}15)$$

式中 $T_{Y(t)}$——t 龄期混凝土收缩当量温差（℃）；

α——混凝土线膨胀系数［$1\times10^{-5}(1/C)$］。

3）结构计算温差（一般 3d 划分一区段）

$$\Delta T_i=T_{m(i)}-T_{m(i+3)}+T_{Y(i+3)}-T_{Y(i)} \quad (2\text{-}16)$$

式中 ΔT_i——i 区段结构计算温差（℃）；

$T_{m(i)}$——i 区段平均温度起始值（℃）；

$T_{m(i+3)}$——i 区段平均温度终止值（℃）；

$T_{Y(i+3)}$——i 区段收缩当量温差终止值（℃）；

$T_{Y(i)}$——i 区段收缩当量温差起始值（℃）。

4）各区段拉应力

$$\sigma_i = \overline{E}_i \cdot \alpha \cdot \Delta T_i \cdot \overline{S}_i \{1 - 1/\text{ch}(\overline{\beta}_i \cdot L/2)\} \tag{2-17}$$

式中 σ_i——i 区段混凝土内拉应力（N/mm^2）；

$\overline{E}_i$——i 区段平均弹性模量（N/mm^2）；

$\overline{S}_i$——i 区段平均应力松弛系数，查表 2-11；

$\overline{\beta}_i$——i 区段平均地基约束系数；

L——混凝土最大尺寸（mm）；

ch——双曲余弦函数。

松弛系数 $S(t)$ **表 2-11**

龄期 t(d)	3	6	9	12	15	18	21	24	27	30
$S(t)$	0.57	0.52	0.48	0.44	0.41	0.386	0.368	0.352	0.339	0.327

5）到指定期混凝土内最大应力

$$\sigma_{max} = [1/(1-v)]\sum_{i=1}^{n}\sigma_i \tag{2-18}$$

式中 σ_{max}——到指定期混凝土内最大应力（N/mm^2）；

v——泊松比，取 0.15。

6）安全系数

$$K = f_t/\sigma_{max} \tag{2-19}$$

式中 K——大体积混凝土抗裂安全系数，≥1.15；

f_t——到指定期混凝土抗拉强度设计值（N/mm^2），查表 2-9。

（3）平均整浇长度（伸缩缝间距）计算公式

1）混凝土极限拉伸值

$$\varepsilon_p = 7.5 f_t(0.1 + \mu/d)10^{-4}(\ln t/\ln 28) \tag{2-20}$$

式中 ε_p——混凝土极限拉伸值；

f_t——混凝土抗拉强度设计值（N/mm^2）；

μ——配筋率（%），$\mu = F_a/F_c$；

d——钢筋直径（mm）；

ln——以 e 为底的对数；

t——指定期龄期（d）；

F_a——钢筋截面积（mm^2）；

F_c——混凝土截面积（m^2）。

2）平均整浇长度（伸缩缝间距）

$$[L_{cp}] = 1.5\sqrt{h \cdot E_{(t)}/C_x} \cdot \text{arch}[|\alpha \cdot \Delta T|/(|\alpha \cdot \Delta T| - |\varepsilon_p|)] \tag{2-21}$$

式中 $[L_{cp}]$——平均整浇长度（伸缩缝间距）（mm）；

h——混凝土厚度（mm）；

$E_{(t)}$——指定时刻混凝土弹性模量（N/mm^2）；

C_x——地基阻力系数（N/mm^3），$C_x=C_{x1}+C_{x2}$；

arch——反双曲余弦函数；

ΔT——指定时刻的累计结构计算温差（℃）。

3）大体积混凝土控制温度和收缩裂缝的技术措施

为了有效地控制有害裂缝的出现和发展，必须从控制混凝土的水化升温、延缓降温速率、减小混凝土收缩、提高混凝土的极限拉伸强度、改善约束条件和设计构造等方面全面考虑，结合实际采取措施。

4）降低水泥水化热和变形

① 选用低水化热或中水化热的水泥品种配制混凝土，如矿渣硅酸盐水泥、火山灰质硅酸盐水泥、粉煤灰水泥、复合水泥等。

② 充分利用混凝土的后期强度，减少每立方米混凝土中水泥用量。根据试验每增减10kg水泥，其水化热将使混凝土的温度相应升降1℃。

③ 使用粗骨料，尽量选用粒径较大、级配良好的骨料；控制砂石含泥量；掺加粉煤灰等掺合料或掺加相应的减水剂、缓凝剂，改善和易性、降低水灰比，以达到减少水泥用量、降低水化热的目的。

④ 在基础内部预埋冷却水管，通入循环冷却水，强制降低混凝土水化热温度。

⑤ 在厚大无筋或少筋的大体积混凝土中，掺加总量不超过20%的大石块，减少混凝土的用量，以达到节省水泥和降低水化热的目的。

⑥ 在拌合混凝土时，还可掺入适量的微膨胀剂或膨胀水泥，使混凝土得到补偿收缩，减少混凝土的温度应力。

⑦ 改善配筋。为了保证每个浇筑层上下均有温度筋，可建议设计人员将分布筋作适当调整。温度筋宜分布细密，一般用$\phi 8$钢筋，双向配筋，间距15cm。这样可以增强抵抗温度应力的能力。上层钢筋的绑扎，应在浇筑完下层混凝土之后进行。

⑧ 设置后浇缝。当大体积混凝土平面尺寸过大时，可以适当设置后浇缝，以减小外应力和温度应力；同时也有利于散热，降低混凝土的内部温度。

5）降低混凝土温度差

① 选择较适宜的气温浇筑大体积混凝土，尽量避开炎热天气浇筑混凝土。夏季可采用低温水或冰水搅拌混凝土，可对骨料喷冷水雾或冷气进行预冷，或对骨料进行覆盖或设置遮阳装置避免日光直晒，运输工具如具备条件也应搭设遮阳设施，以降低混凝土拌合物的入模温度。

② 掺加相应的缓凝型减水剂，如木质素磺酸钙等。

③ 在混凝土入模时，采取措施改善和加强模内的通风，加速模内热量的散发。

6）加强施工中的温度控制

① 在混凝土浇筑之后，做好混凝土的保温保湿养护，缓缓降温，充分发挥徐变特性，降低温度应力，夏季应注意避免暴晒，注意保湿，冬期应采取措施保温覆盖，以免发生急剧的温度梯度发生。

② 采取长时间的养护，规定合理的拆模时间，延缓降温时间和速度，充分发挥混凝土的“应力松弛效应”。

③ 加强测温和温度监测与管理，实行信息化控制，随时控制混凝土内的温度变化，内外温差控制在25℃以内，基面温差和基底面温差均控制在20℃以内，及时调整保温及养护措施，使混凝土的温度梯度和湿度不至过大，以有效控制有害裂缝的出现。

④ 合理安排施工程序，控制混凝土在浇筑过程中均匀上升，避免混凝土拌合物堆积过大高差。在结构完成后及时回填土，避免其侧面长期暴露。

7）改善约束条件，削减温度应力

① 采取分层或分块浇筑大体积混凝土，合理设置水平或垂直施工缝，或在适当的位置设置施工后浇带，以放松约束程度，减少每次浇筑长度的蓄热量，防止水化热的积聚，减少温度应力。

② 对大体积混凝土基础与岩石地基，或基础与厚大的混凝土垫层之间设置滑动层，如采用平面浇沥青胶铺砂，或刷热沥青或铺卷材。在垂直面、键槽部位设置缓冲层，如铺设30～50mm厚沥青木丝板或聚苯乙烯泡沫塑料，以消除嵌固作用，释放约束应力。

8）提高混凝土的极限拉伸强度

① 选择良好级配的粗骨料，严格控制其含泥量，加强混凝土的振捣，提高混凝土密实度和抗拉强度，减小收缩变形，保证施工质量。

② 采取二次投料法、二次振捣法，浇筑后及时排除表面积水，加强早期养护，提高混凝土早期或相应龄期的抗拉强度和弹性模量。

③ 在大体积混凝土基础内设置必要的温度配筋，在截面突变和转折处，底、顶板与墙转折处，孔洞转角及周边，增加斜向构造配筋，以改善应力集中，防止裂缝的出现。

9）现浇结构外观质量验收要求

① 主控项目

现浇结构的外观质量不应有严重缺陷。

对已经出现的严重缺陷，应由施工单位提出技术处理方案，并经监理（建设）单位认可后进行处理，对经处理的部位，应重新检查验收。

检查数量：全数检查。

检验方法：观察，检查技术处理方案。对要检查的每个构件各个面进行观察是否有露筋、蜂窝、麻面、孔洞、夹渣、疏松、缺棱掉角、棱角不直、胀模等现象，如观察到纵向受力钢筋有露筋则属于严重缺陷；构件主要受力部位有蜂窝属于严重缺陷；构件主要受力部位有孔洞属于严重缺陷；构件主要受力部位有夹渣属于严重缺陷；构件主要受力部位有疏松属于严重缺陷；构件主要受力部位有影响结构性能或使用功能的裂缝属于严重缺陷；连接部位有影响结构传力性能的缺陷属于严重缺陷；清水混凝土构件内有影响使用功能或装饰效果的外形缺陷属于严重缺陷；具有重要装饰效果的清水混凝土构件有外表缺陷属于严重缺陷。对缺陷要记录其位置。检查技术处理方案时，查验各项处理措施是否结合现场实际，是否有针对性。

② 一般项目

现浇结构的外观质量不宜有一般缺陷。

对已经出现的一般缺陷，应由施工单位按技术处理方案进行处理，并重新检查验收。

检查数量：全数检查。

检验方法：观察，检查技术处理方案。对要检查的每个构件各个面进行观察是否有露筋、蜂窝、麻面、孔洞、夹渣、疏松、缺棱掉角、棱角不直、胀模等现象，如观察到除纵向受力钢筋外，其他钢筋有少量露筋则属于一般缺陷；除构件主要受力部位外，其他部位有少量蜂窝属于一般缺陷；除构件主要受力部位外，其他部位有少量孔洞属于一般缺陷；除构件主要受力部位外，其他部位有少量夹渣属于一般缺陷；除构件主要受力部位外，其他部位有少量疏松属于一般缺陷；除构件主要受力部位外，其他部位有少量不影响结构性能或使用功能的裂缝属于一般缺陷；连接部位有基本不影响结构传力性能的缺陷属于一般缺陷；除清水混凝土构件外，其他混凝土构件有不影响使用功能的外形缺陷属于一般缺陷；除具有重要装饰效果的清水混凝土构件外，其他混凝土构件有不影响使用功能的外表缺陷属于一般缺陷。对缺陷要记录其位置。检查技术处理方案时，查验各项处理措施是否结合现场实际，是否有针对性。

2.5 位置和尺寸偏差

2.5.1 现浇结构位置和尺寸偏差验收要求

1. 主控项目

现浇结构不应有影响结构性能和使用功能的尺寸偏差。混凝土设备基础不应有影响结构性能和设备安装的尺寸偏差。

对超过尺寸允许偏差且影响结构性能和安装、使用功能的部位，应由施工单位提出技术处理方案，并经监理（建设）单位认可后进行处理，对经处理的部位，应重新检查验收。

检查数量：全数检查。

检验方法：量测，检查技术处理方案。对结构性能和使用功能有影响的构件、对影响结构性能和设备安装的混凝土设备基础全数检查，进行实测实量，如对构件截面尺寸、构件垂直度、轴线位置、标高、电梯井位置及尺寸、预埋件位置、设备基础的坐标、平面标高及外形尺寸等量测，应以设计图纸规定的尺寸为基准确定尺寸的偏差，尺寸的检测方法和尺寸偏差的允许值应按表 2-12、表 2-13 确定。如对混凝土构件截面尺寸的检测，应选取有代表性的截面进行测量：当构件截面尺寸基本相同或变化均匀时，应在构件的中部和两端选取 3 个截面量取尺寸，取其平均值为检测结果；如构件截面尺寸不同或变化不均匀时，应选取构件截面突变的位置以及构件最小、最大截面处量取尺寸；如对设备基础标高的检测，可使用水准仪、拉线或尺量测量，测量部位可以选取设备基础的底面或顶面，标高的测量偏差应在［0，－20］；如构件的不同部位标高不同时，在检测结果中应注明构件标高的变化情况，必要时可用简图描述；如当需要对单个构件的尺寸偏差作合格判定时，应以设计图纸规定的尺寸为基准，尺寸偏差的允许值应按相关标准确定；如墙、柱、梁轴线尺寸的检测，可使用钢尺测量，构件轴线尺寸的误差在 8mm 以内，构件的不同部位轴线尺寸不同时，在检测结果中应注明构件两端轴线尺寸的变化情况，必要时可用简图描述；如混凝土构件中预埋件位置的检测，可使用钢尺测量，当检测多个预埋件位置时，可用简图或列表描述；如混凝土构件垂直度的检测，测量前应在构件侧面上画出竖向轴线或中线，构件垂直度偏差应以其上端对于下端的偏离尺寸表示，并同时给出相对于该偏差的高度值及垂直度偏差的倾斜方向，当竖向构件贯穿多个楼层时，应对每层构件的垂直度偏差进行检测，在检测结果中应注明该竖向构件每层垂直度的偏差及其变化情况，必要时应给出贯穿多个楼层的竖向构件的直线度，并可用简图描述；如混凝土构件表面平整度的检测，可使用 2m 长度的靠尺或水平尺与塞尺测量。在需要检测表面平整度的构件表面上移动并适当旋转靠尺或水平尺，配合塞尺得出不平整度的最大值。构件表面平整度应以注明靠尺或水平尺长度的不平整度的最大值表示，在检测结果中应注明构件不平整度的侧面和位置，必要时可用简图描述。检查技术处理方案时，查验各项处理措施是否结合现场实际，是否有针对性。

2. 一般项目

现浇结构和混凝土设备基础拆模后的尺寸偏差应符合表 2-12、表 2-13 的规定。

检查数量：按楼层、结构缝或施工段划分检验批。在同一检验批内，对梁、柱和独立基础，应抽查构件数量的 10%，且不少于 3 件；对墙和板，应按有代表性的自然间抽查 10%，且不少于 3 间；对大空间结构，墙可按相邻轴线间高度 5m 左右划分检查面，板可按纵、横轴线划分检查面，抽查 10%，且均不少于 3 面；对电梯井应全数检查；对设备基础应全数检查。

检验方法：量测检查。对构件截面尺寸、构件垂直度、轴线位置、标高、电梯井位置及尺寸、预埋件位置、设备基础的坐标、平面标高及外形尺寸等量测，应以设计图纸规定的尺寸为基准确定尺寸的偏差，尺寸的检测方法和尺寸偏差的允许值应按表 2-12、表 2-13确定。如对混凝土构件截面尺寸的检测，应选取有代表性的截面进行测量：当构件截面尺寸基本相同或变化均匀时，应在构件的中部和两端选取 3 个截面量取尺寸，取其平均值为检测结果；如构件截面尺寸不同或变化不均匀时，应选取构件截面突变的位置以及构件最小、最大截面处量取尺寸；如对设备基础标高的检测，可使用水准仪、拉线或尺量测量，测量部位可以选取设备基础的底面或顶面，标高的测量偏差应在 [0，−20]；如构件的不同部位标高不同时，在检测结果中应注明构件标高的变化情况，必要时可用简图描述；如当需要对单个构件的尺寸偏差作合格判定时，应以设计图纸规定的尺寸为基准，尺寸偏差的允许值应按相关标准确定；如墙、柱、梁轴线尺寸的检测，可使用钢尺测量，构件轴线尺寸的误差在 8mm 以内，构件的不同部位轴线尺寸不同时，在检测结果中应注明构件两端轴线尺寸的变化情况，必要时可用简图描述；如混凝土构件中预埋件位置的检测，可使用钢尺测量，当检测多个预埋件位置时，可用简图或列表描述；如混凝土构件垂直度的检测，测量前应在构件侧面上画出竖向轴线或中线，构件垂直度偏差应以其上端对于下端的偏离尺寸表示，并同时给出相对于该偏差的高度值及垂直度偏差的倾斜方向，当竖向构件贯穿多个楼层时，应对每层构件的垂直度偏差进行检测，在检测结果中应注明该竖向构件每层垂直度的偏差及其变化情况，必要时应给出贯穿多个楼层的竖向构件的直线度，并可用简图描述；如混凝土构件表面平整度的检测，可使用 2m 长度的靠尺或水平尺与塞尺测量。在需要检测表面平整度的构件表面上移动并适当旋转靠尺或水平尺，配合塞尺得出不平整度的最大值。构件表面平整度应以注明靠尺或水平尺长度的不平整度的最大值表示，在检测结果中应注明构件不平整度的侧面和位置，必要时可用简图描述。检查技术处理方案时，查验各项处理措施是否结合现场实际，是否有针对性。

2.5.2 现浇结构位置和尺寸允许偏差及检验方法

现浇结构位置和尺寸允许偏差及检验方法　　表 2-12

项目			允许偏差(mm)	检验方法
轴线位置	整体基础		15	经纬仪及尺量
	独立基础		10	经纬仪及尺量
	柱、墙、梁		8	尺量
垂直度	层高	≤6m	10	经纬仪或吊线、尺量
		>6m	12	经纬仪或吊线、尺量
	全高(H)≤300m		H/30000+20	经纬仪、尺量
	全高(H)>300m		H/10000 且≤80	经纬仪、尺量
标　高	层高		±10	水准仪或拉线、尺量
	全高		±30	水准仪或拉线、尺量
截面尺寸	基础		+15，−10	尺量
	柱、梁、板、墙		+10，−5	尺量
	楼梯相邻踏步高差		6	尺量
电梯井	中心位置		10	尺量
	长、宽尺寸		+25，0	尺量
表面平整度			8	2m 靠尺和塞尺量测
预埋件中心位置	预埋板		10	尺量
	预埋螺栓		5	尺量
	预埋管		5	尺量
	其他		10	尺量
预留洞、孔中心线位置			15	尺量

注：1. 检查轴线、中心线位置时，应沿纵、横两个方向测量，并取其中偏差的较大值。

2. H 为全高，单位为毫米。

现浇设备基础位置和尺寸允许偏差及检验方法　　表 2-13

项目		允许偏差(mm)	检验方法
坐标位置		20	经纬仪及尺量
不同平面标高		0，−20	水准仪或拉线、尺量
平面外形尺寸		±20	尺量
凸台上平面外形尺寸		0，−20	尺量
凹槽尺寸		+20，0	尺量
平面水平度	每米	5	水平尺、塞尺检查
	全长	10	水准仪或拉线、尺量
垂直度	每米	5	经纬仪或吊线、尺量
	全高	10	经纬仪或吊线、尺量

续表

项目		允许偏差(mm)	检验方法
预埋地脚螺栓	中心位置	2	尺量
	顶标高	+20,0	水准仪或拉线、尺量
	中心距	±2	尺量
	垂直度	5	吊线、尺量
预埋地脚螺栓孔	中心线位置	10	尺量
	截面尺寸	+20,0	尺量
	深度	+20,0	尺量
	垂直度	$h/100$ 且 $\leqslant 10$	吊线、尺量
预埋活动地脚螺栓锚板	中心线位置	5	尺量
	标高	+20,0	水准仪或拉线、尺量
	带槽锚板平整度	5	直尺、塞尺量测
	带螺纹孔锚板平整度	2	直尺、塞尺量测

注：1. 检查坐标、中心线位置时，应沿纵、横两个方向测量，并取其中偏差的较大值。

2. h 为预埋地脚螺栓孔孔深，单位为毫米。

第 3 章　装配式混凝土结构分项工程施工

3.1　装配式混凝土结构基本规定

承担装配式混凝土结构施工单位应具备相应的资质，并应建立相应的质量、安全、环境管理体系、施工质量控制和检验制度。

装配式混凝土结构施工前，施工单位应准确理解设计图纸的要求，掌握有关技术要求及细部构造，根据工程特点和施工规定，进行结构施工复核及验算、编制装配式混凝土结构专项施工方案。

装配式混凝土结构施工前，应完成预制构件深化设计，深化设计文件应经设计单位认可。施工单位应校核预制构件加工图纸、对预制构件施工预留预埋进行交底（图 3-1）。

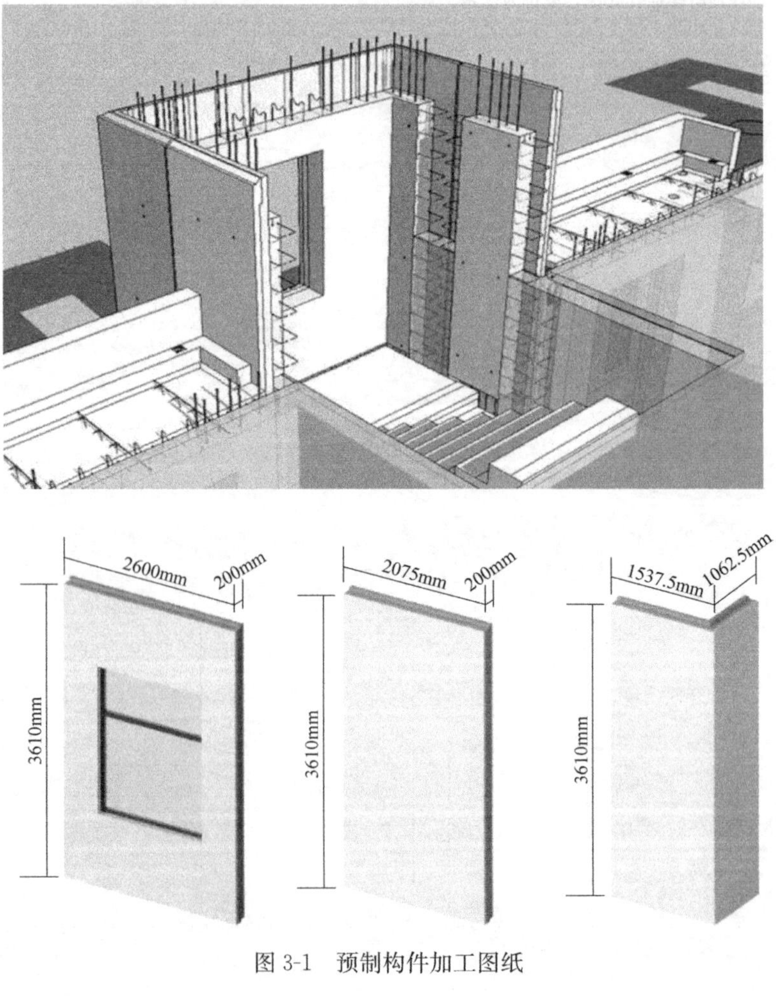

图 3-1　预制构件加工图纸

装配式混凝土结构施工前，施工单位应对管理人员及安装人员进行专项培训。

施工单位应对施工作业过程实施全面和有效的控制与管理，保证工程质量；工程质量验收应在施工单位自检的基础上，按照检验批、分项工程、分部（子分部）工程进行。施工结束后，应组织有关人员进行质量检测，确认各分项工程质量合格，现场技术资料齐全后，方可申报工程验收（图 3-2、图 3-3）。

工程质量验收应在施工单位自检基础上，按照检验批、分项工程、分部（子分部）工程进行。

图 3-2　工程质量自检验收

图 3-3　预制构件混凝土质量检测

装配式混凝土结构施工质量验收可按混凝土结构子分部工程进行。

（1）混凝土结构子分部工程施工质量验收时，应提供下列文件和记录：

1）设计变更文件；

2）原材料出厂合格证和进场复验报告；

3）钢筋接头的试验报告；

4）混凝土工程施工记录；

5）混凝土试件的性能试验报告；

6）装配式结构预制构件的合格证和安装验收记录；
7）预应力筋用锚具、连接器的合格证和进场复验报告；
8）预应力筋安装、张拉及灌浆记录；
9）隐蔽工程验收记录；
10）分项工程验收记录；
11）混凝土结构实体检验记录；
12）工程的重大质量问题的处理方案和验收记录；
13）其他必要的文件和记录。
（2）混凝土结构子分部工程施工质量验收合格应符合下列规定：
1）有关分项工程施工质量验收合格。
2）应有完整的质量控制资料。
3）观感质量验收合格。
4）结构实体检验结果满足相关规范的要求。
（3）当混凝土结构施工质量不符合要求时，应按下列规定进行处理：
1）经返工、返修或更换构件、部件的检验批，应重新进行验收。
2）经有资质的检测单位检测鉴定达到设计要求的检验批，应予以验收。
3）经有资质的检测单位检测鉴定达不到设计要求，但经原设计单位核算确认仍可满足结构安全和使用功能的检验批，可予以验收。
4）经返修或加固处理能够满足结构安全使用要求的分项工程，可根据技术处理方案和协商文件进行验收。
（4）混凝土结构工程子分部工程施工质量验收合格后，应将所有的验收文件存档备案。

装配式混凝土结构施工应有完整的质量控制及验收资料。

装配式混凝土结构施工除应执行相关规范规定外，模板工程、钢筋工程、混凝土工程尚应符合《混凝土结构工程施工规范》GB 50666—2011的有关规定。

3.2 模板工程一般规定

装配式混凝土结构的模板与支撑应根据施工过程中的各种工况进行设计，应具有足够的承载力、刚度，并保证其整体稳定性。模板安装应牢固、严密、不漏浆。

模板与支撑应保证工程结构和构件的定位、各部分形状、尺寸和位置准确，且应便于钢筋安装和混凝土浇筑、养护（图3-4、图3-5）。

预制构件宜预留与模板连接用的孔洞、螺栓，预留位置应与模板模数相协调并便于模板安装（图3-6）。

预制构件接缝处模板宜选用定型模板，并与预制构件可靠连接。推荐使用铝模进行支模浇筑，成型质量高，观感较好，如图3-7、图3-8所示。

宜选用水性隔离剂。隔离剂应能有效减小混凝土与模板间的吸附力，并应有一定的成膜强度，且不应影响脱模后混凝土表面的后期装饰。

隔离剂涂刷的注意事项：

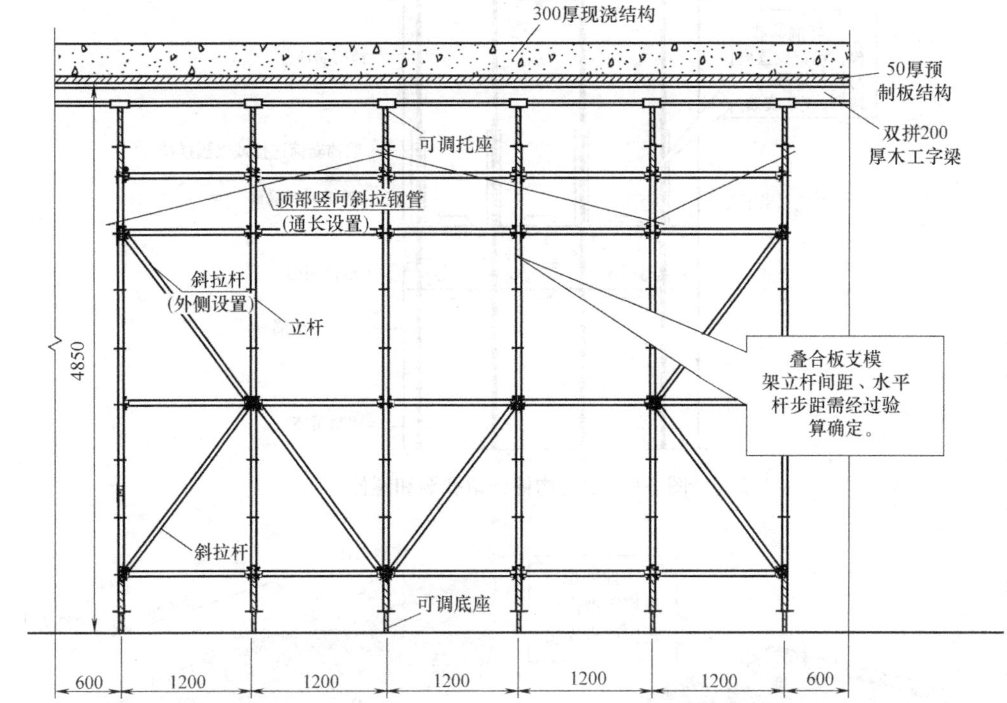

图 3-4　叠合板支模架立面图

图 3-5　模板与支撑

(1) 隔离剂的涂刷工具可采用棕毛刷、滚筒及喷涂，推荐采用棕毛刷。

(2) 涂刷时需要勤拉勤收，确保涂刷均匀一致，如用滚筒，需采用抗溶剂的短毛滚筒，摊料时采用“W”形，然后竖向横向摊均，最后朝着一个方向收即可。

(3) 如用喷涂，建议采用无气喷涂，涂刷时注意不要流挂、漏刷（图 3-9、图 3-10）。

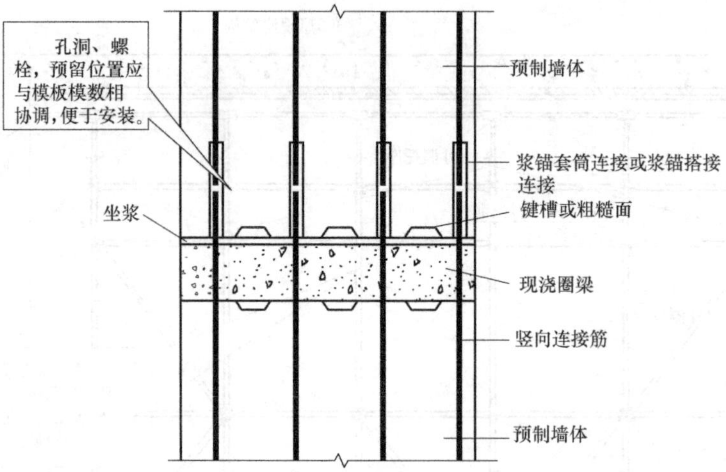
孔洞、螺栓，预留位置应与模板模数相协调，便于安装。
预制墙体
浆锚套筒连接或浆锚搭接连接
坐浆
键槽或粗糙面
现浇圈梁
竖向连接筋
预制墙体

图 3-6　预制构件预留孔洞和螺栓

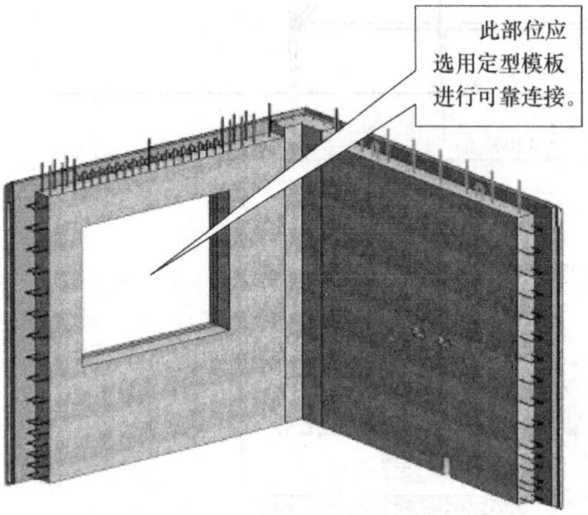
此部位应选用定型模板进行可靠连接。

图 3-7　剪力墙交界处宜选用定型模板

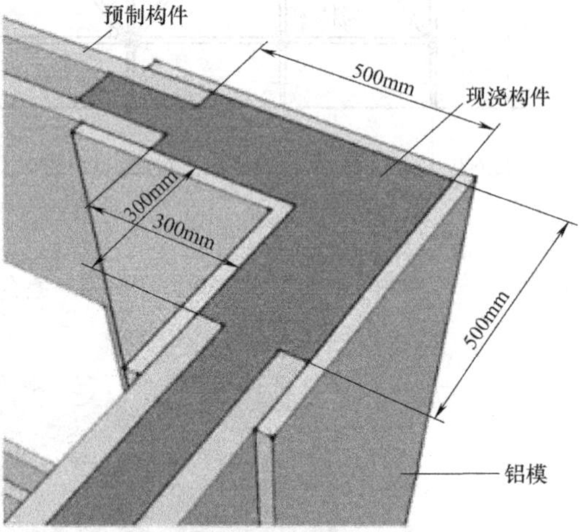
预制构件
500mm
现浇构件
300mm
300mm
500mm
铝模

图 3-8　预制构件接缝处定型模板

隔离剂的涂刷工具可采用棕毛刷、滚筒及喷涂。

图 3-9　隔离剂涂刷（一）

涂刷时需要勤拉勤收，确保涂刷均匀一致，如用滚筒，需采用抗溶剂的短毛滚筒，摊料时采用“W”形，然后竖向横向摊均，最后朝着一个方向收即可。

图 3-10　隔离剂涂刷（二）

3.3 模板与支撑安装

预制叠合板类构件应符合下列规定：

（1）预制叠合板类构件水平模板安装时，可直接将叠合板作为水平模板使用，其下部可直接采取龙骨支撑，支撑间距应根据施工验算确定；叠合板与现浇部位的交接处，应增设一道竖向支撑，并按设计或规范要求起拱。起拱高度可执行国家标准《混凝土结构工程施工规范》GB 50666—2011 给出的规定，通常跨度不小于 4m 时宜起拱，起拱高度宜为梁、板跨度的 1/1000～3/1000，应根据具体工程情况并结合施工经验选择（图 3-11～图 3-17）。

图 3-11　叠合板施工流程图

（2）叠合类构件竖向支撑宜选用定型独立钢支柱，支撑点位置应靠近起吊点（图 3-18、图 3-19）。

（3）叠合板类构件作为水平模板使用时，应避免集中堆载、机械振动（图 3-20）。

（4）安装叠合板的现浇混凝土剪力墙，宜在墙模板上安装叠合板板底标高控制方钢，浇筑混凝土前按设计标高调整并固定位置（图 3-21）。

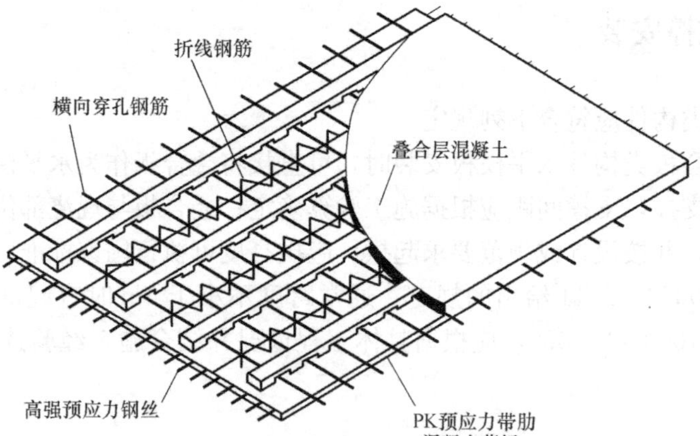
折线钢筋
横向穿孔钢筋
叠合层混凝土
高强预应力钢丝
PK预应力带肋
混凝土薄板

图 3-12　叠合层混凝土浇筑示意图

下部龙骨支撑间距应根据施工验算确定，叠合板与现浇部位的交接处，应设置一道竖向支撑，并按设计或规范要求起拱。

图 3-13　预制叠合板类构件水平模板安装

图 3-14　叠合板节点钢筋绑扎图

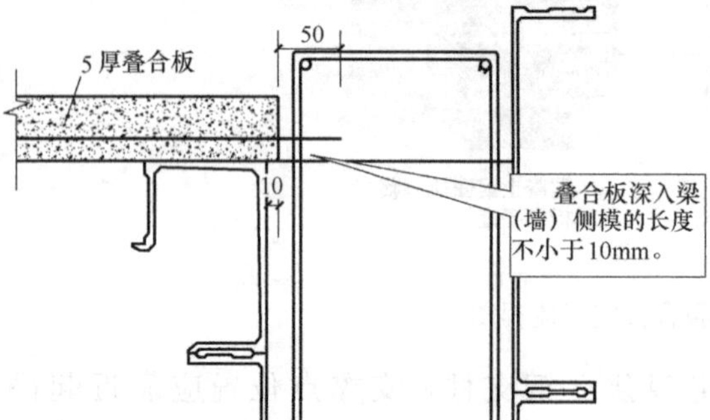
50
5厚叠合板
10
叠合板深入梁(墙）侧模的长度不小于10mm。

图 3-15　叠合板与梁交界处做法

预制叠合梁应符合下列规定：

（1）预制叠合梁下部的竖向支撑可采取点式支撑，支撑间距应根据施工验算确定；叠合梁与现浇部位的交接处，应增设一道竖向支撑（图 3-22）。

（2）叠合梁竖向支撑应选用定型独立钢支柱。

预制墙板拼接水平节点采用定型模板时，宜采用螺栓连接或预留孔洞拉结的方式与预制构件连接可靠，模板与预制构件间、构件与构件之间应粘贴密封条（图 3-23）。

图 3-16　叠合板钢筋绑扎

图 3-17　叠合板混凝土浇筑

图 3-18　叠合板支撑体系

图 3-19　叠合板支撑体系三维视图

叠合板类构件作为水平模板使用时，应避免集中堆载、机械振动。

图 3-20　叠合板混凝土浇筑应分散

定型模板应避开预制墙板下部灌浆预留孔洞。

预制墙板拼接水平节点也可采用预制混凝土外墙模板，预制混凝土外墙模板应与整体预制墙板构造相同，并与内侧模板或相邻构件连接牢固，预制混凝土外墙模板宜采用工厂预制构件（图 3-24）。

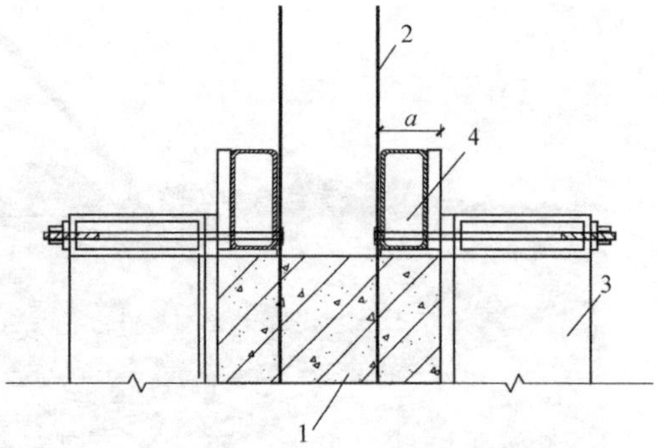

a
1
2
3
4

图 3-21　叠合板板底标高控制方钢

1—现浇墙体；2—钢筋；3—钢模板；4—标高控制方钢

相邻预制混凝土模板之间拼缝宽度不宜大于 20mm，并采取可靠的密封防漏浆措施。

安装预制墙板、预制柱等竖向构件，应采用斜支撑的方式临时固定，斜支撑应为可调式。斜支撑位置应避免与模板支架、相邻支撑冲突（图 3-25、图 3-26）。

装配式结构模板安装的偏差应符合表 3-1 的规定。

预制叠合梁下部的竖向支撑可采取点式支撑，支撑间距应根据施工验算确定。

图 3-22　预制叠合梁下部的竖向支撑可采取点式支撑

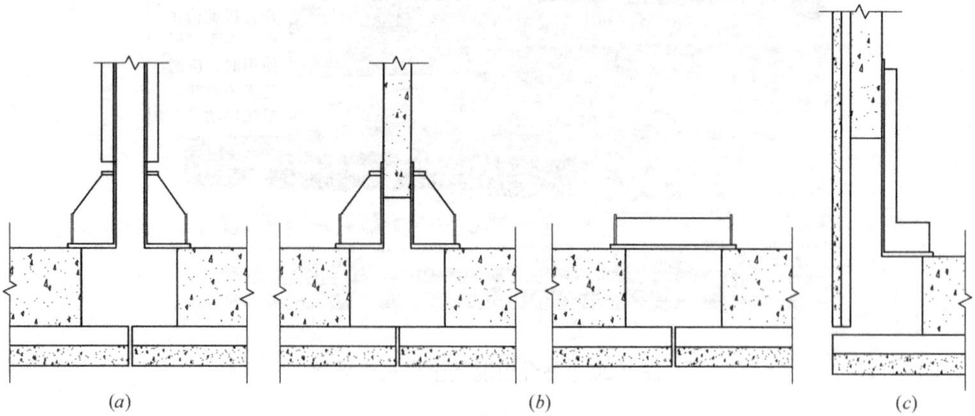

(a)
(b)
(c)

图 3-23　预制墙板水平拼接节点

（a）“T” 形节点；（b）“一” 形节点；（c）“L” 形节点

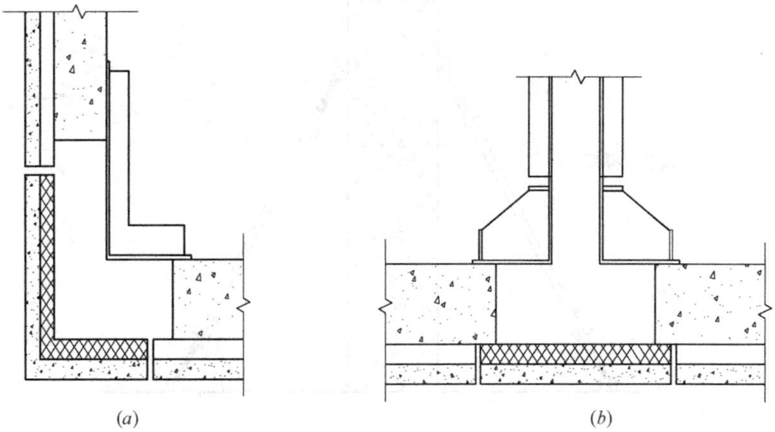
(a)
(b)

图 3-24　预制混凝土模板水平拼接节点

(a)“L”形节点；(b)“T”形节点

检查轴线位置时，应用卷尺等工具沿纵、横两个方向进行量测，取其中的较大值，并根据允许偏差范围进行调整，保证墙体位置（图 3-27）。

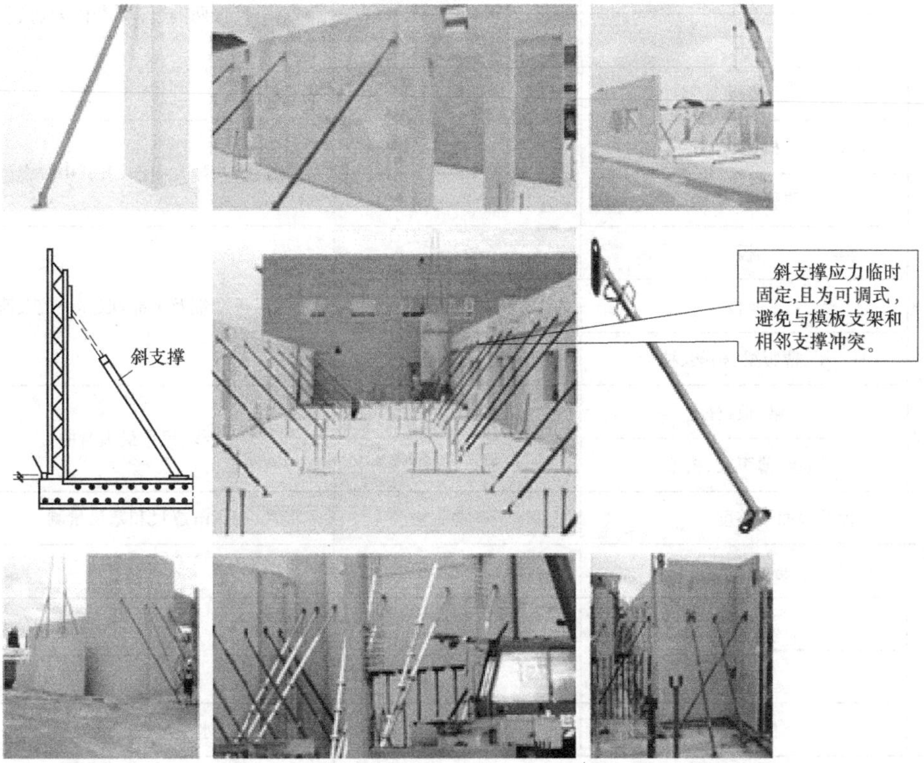
斜支撑
斜支撑应力临时固定,且为可调式，避免与模板支架和相邻支撑冲突。

图 3-25　预制墙板斜支撑

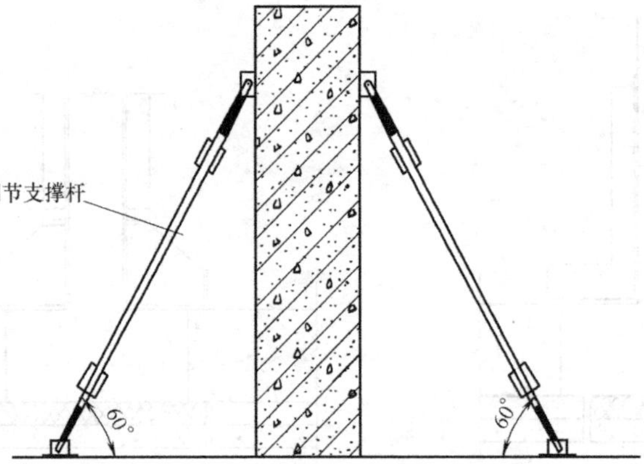

图 3-26　预制柱双面斜支撑

装配式结构模板安装允许偏差　　**表 3-1**

项　目		允许偏差(mm)	检验方法
长度	梁、板	±4	尺量两侧边,取其中较大值
	薄腹梁、桁架	±8	
	柱	0,−10	
	墙板	0,−5	
宽度	板、墙板	0,−5	尺量两端及中部,取其中较大值
	薄腹梁、桁架	+2,−5	
高(厚)度	板	+2,−3	尺量两端及中部,取其中较大值
	墙板	0,−5	
	梁、薄腹梁、桁架、柱	+2,−5	
侧向弯曲	梁、板、柱	$L/1000$ 且≤15	拉线、尺量最大弯曲处
	墙板、薄腹梁、桁架	$L/1500$ 且≤15	
板的表面平整度		3	2m 靠尺和塞尺量测
相邻两板表面高低差		1	尺量
对角线差	板	7	尺量两对角线
	墙板	5	
翘曲	板、墙板	$L/1500$	水平尺在两端量测
设计起拱	薄腹梁、桁架、梁	±3	拉线、尺量跨中

利用卷尺、
吊锤对模板安装
尺寸进行检查。

图 3-27　模板安装尺寸检查

3.4　模板与支撑拆除

模板拆除时，可采取先支后拆、后支先拆，先拆非承重模板、后拆承重模板的顺序，并应从上而下进行拆除。工具式支模的梁、板模板的拆除，应先拆卡具、顺口方木、侧板，再松动木楔，使支柱、桁架等降下，逐段抽出底模板和横挡木，最后取下桁架、支柱。采用定型组合钢模板支设的侧板的拆除，应先卸下对拉螺栓的螺母及钩头螺栓、钢楞，退出要拆除模板上的U形卡，然后由上而下地一块块拆卸。框架结构的柱、梁、板的拆除，应先拆柱模板，再松动支撑立杆上的丝杆升降器，使支撑梁、板横楞的檩条平稳下降，然后拆除梁侧板、平台板，抽出梁底板，最后取下横楞、梁擦条、支柱连杆和立柱（图 3-28）。

模板拆除时，可
采取先支后拆、后支
先拆，先拆非承重模
板、后拆承重模板的
顺序，并应从上而下
进行拆除。

图 3-28　模板拆除

叠合层混凝土浇筑时，应制作同条件养护试件，同一强度等级的同条件养护试件的留置数量不宜少于10组，也不应少于3组；当叠合层混凝土强度达到设计要求时，方可拆除底模及支撑；当设计无具体要求时，应将同条件养护的试件送至检测中心进行试压，达到规范要求的设计混凝土强度等级值的百分率时即可拆除相应的构件模板（图 3-29～图 3-32）。同条件养护试件的混凝土立方体试件抗压强度应符合表 3-2 的规定。

拆除侧模时的混凝土强度应能保证其表面及棱角不受损伤。

拆除模板时，不应对楼层形成冲击荷载。拆除的模板和支架宜分散堆放并及时清运。

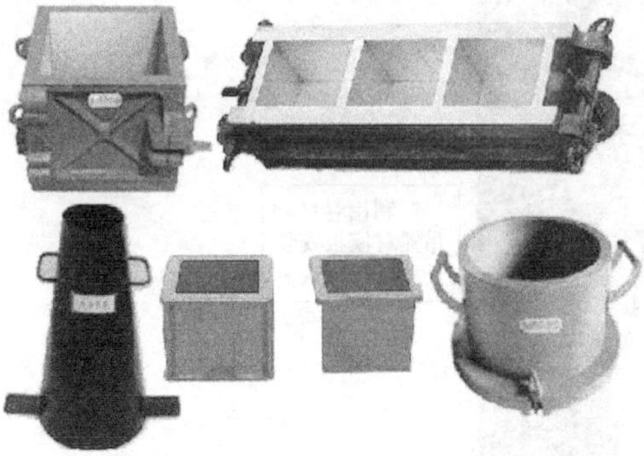

图 3-29　试块制作器材

图 3-30　制作好的同条件试块

试块制作时，需在监理等见证人员见证下现场取样制作试块。

图 3-31　在监理见证下制作混凝土试块

标签上应填写试块部位、时间、强度等级等信息。

图 3-32　在试块表面贴上标签填写相应数据

底模拆除时的混凝土强度要求　　　　**表 3-2**

构件类型	构件跨度(m)	达到设计混凝土强度等级值的百分率(%)
板	≤2	≥50
	>2,≤8	≥75
	>8	≥100
梁、拱、壳	≤8	≥75
	>8	≥100
悬臂结构		≥100

多个楼层间连续支模的底层支架拆除时间，应根据连续支模的楼层间荷载分配和混凝土强度的增长情况确定。

快拆支架体系的支架立杆间距不应大于 2m。拆模时应保留立杆并顶托支承楼板，拆模时的混凝土强度可按《混凝土结构工程施工规范》GB 50666—2011 构件跨度为 2m 的规定确定。

预制墙板斜支撑宜在现浇墙体混凝土模板拆除前拆除；预制柱斜支撑应在预制柱与结构可靠连接后，且上部构件吊装完成后拆除。

3.5 钢筋工程一般规定

装配式混凝土结构用钢筋宜采用专业化生产的成型钢筋。

成型钢筋加工前应对钢筋的规格、牌号、下料长度、数量进行核对。

技术人员负责编制钢筋配料单（图 3-33)，操作人员严格按钢筋配料单进行钢筋加工，确保尺寸正确。

钢筋配料单

工程名称： 第 1 页

施工单位： 第 3 页

构件编号		KZ-1 1件								
钢筋编号	钢筋规格	间距(mm)	钢筋起点(mm)	钢筋形状(mm)	断料长度(mm)	每件根数	总计根数	总长(m)	总重(kg)	备注
第－2层	(－7.200m～－3.600m)									
1	Φ25		1335 2210	−15Φ 3000 Φ−15	3000	20	20	60.00	231.00	纵筋 1～200
2	Φ8	100 200		540 540	2375	30	30	71.25	28.14	角点(1,6)
3	Φ8	100 200		128 540	1551	30	30	46.53	18.38	角点(3,4)
3	Φ8	100 200		540 128	1551	30	30	46.53	18.38	角点(8,9)
第－1层	(－3.600m～0.000m)									
4	Φ25		705 1580	−15Φ 4000 Φ−15	4000	20	20	80.00	308.00	纵筋 1～20

图 3-33 钢筋配料单

对特殊复杂部位钢筋，加工前应放大样，经复核无误后再进行加工制作，做到尺寸依图纸，操作按规范。

严格按操作规程及质量标准执行，成型后的钢筋要挂牌分类堆放，存于钢筋成品区，并做好防锈。

成型钢筋的切断采用棒材钢筋剪切与弧形刀剪切、棒材钢筋剪切生产可直接用于弯曲成型，弧形刀剪切可进入套丝环节，之后弯曲成型。弯折应选用机械方式。用于机械连接的钢筋端面应平直并与钢筋轴线垂直，端头不应有弯曲、马蹄、椭圆等任何形状。

成型钢筋调直宜采用机械方法。当采用冷拉方法调直钢筋时，HPB300 级钢筋冷拉率控制在 4%以内，HRB335 级、HRB400 级钢筋应控制在 1%以内。

受力钢筋的弯钩和弯折应符合下列规定：

(1) HPB300 级钢筋末端应做 180°弯钩，其弯弧内直径不应小于钢筋直径的 2.5 倍，弯钩的弯后平直部分长度不应小于钢筋直径的 3 倍；当设计要求钢筋末端需做 135°弯钩时，HRB335 级、HRB400 级钢筋的弯弧内直径不应小于钢筋直径的 4 倍，弯钩的弯后平直部分长度应符合设计要求；钢筋做不大于 90°的弯折时，弯折处的弯弧内直径不应小于钢筋直径的 5 倍（图 3-34）。

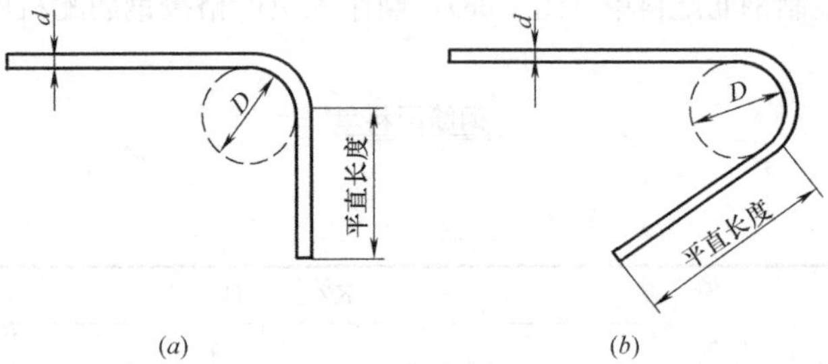

图 3-34 受力钢筋弯折

(a) 90°; (b) 35°

(2) 箍筋应选用机械加工完成，除焊接封闭式箍筋外，箍筋的末端应做弯钩，弯钩形式应符合设计要求；当设计无具体要求时，应符合下列规定：

1) 箍筋弯钩的弯折角度：对一般结构，不应小于 90°；对有抗震等要求的结构，应为 135°。

2) 箍筋弯后平直部分长度：对一般结构，不宜小于箍筋直径的 5 倍；对有抗震等要求的结构，不应小于箍筋直径的 10 倍与 75mm 两者的最大值。

钢筋连接方式应根据设计要求和施工条件选用。主要有绑扎搭接、机械连接、套管灌浆连接和焊接四种（图 3-35）。

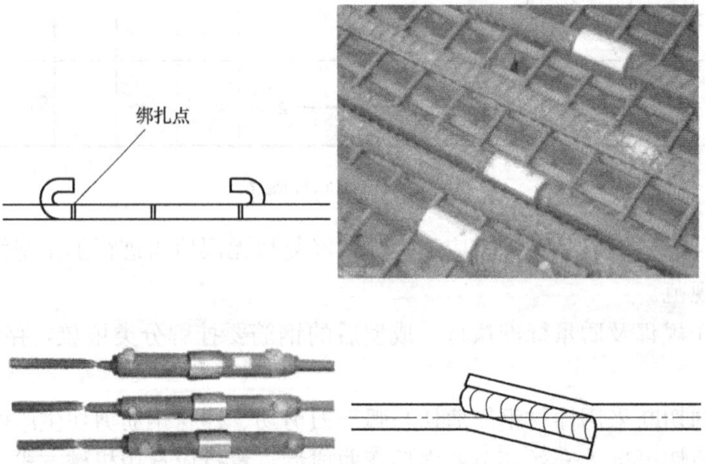

图 3-35 绑扎搭接、机械连接、套管灌浆连接和焊接

3.6 钢筋工程

钢筋连接宜选用搭接连接、焊接连接或机械连接。钢筋连接接头宜设置在受力较小处，同一纵向受力钢筋不宜设置两个或两个以上的接头。

钢筋焊接连接接头应符合现行行业标准《钢筋焊接及验收规程》JGJ 18—2012 的有关规定（图 3-36）。

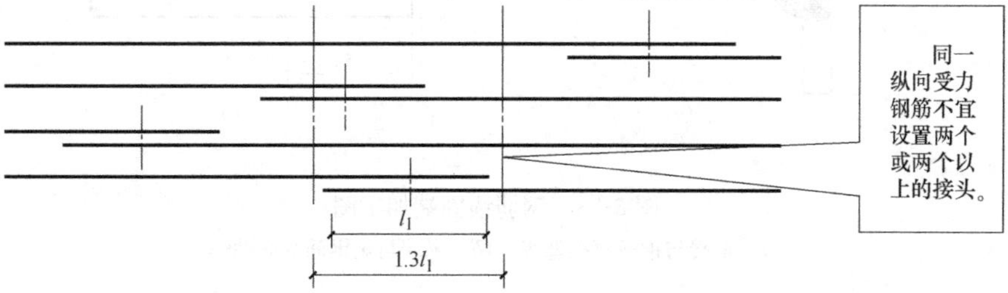

图 3-36　钢筋绑扎搭接区域

钢筋机械连接接头应符合现行行业标准《钢筋机械连接技术规程》JGJ 107—2016 的有关规定。机械连接接头的混凝土保护层厚度宜符合现行国家标准《混凝土结构设计规范》GB 50010—2010 中受力钢筋的混凝土保护层最小厚度的规定，且不得小于 15mm（表 3-3）；接头之间的横向净距不宜小于 25mm（图 3-37）。

纵向受力钢筋混凝土保护层最小厚度（mm）　　**表 3-3**

环境类别		板、墙、壳			梁			柱		
		≤C20	C25～C45	≥C50	≤C20	C25～C45	≥C50	≤C20	C25～C45	≥C50
一		20	15	15	30	25	25	30	30	30
二	a	—	20	20	—	30	30	—	30	30
	b	—	25	20	—	35	30	—	35	30
三		—	30	25	—	40	35	—	40	35

注：基础中纵向受力钢筋的混凝土保护层厚度不应小于 40mm，当无垫层时不应小于 70mm。

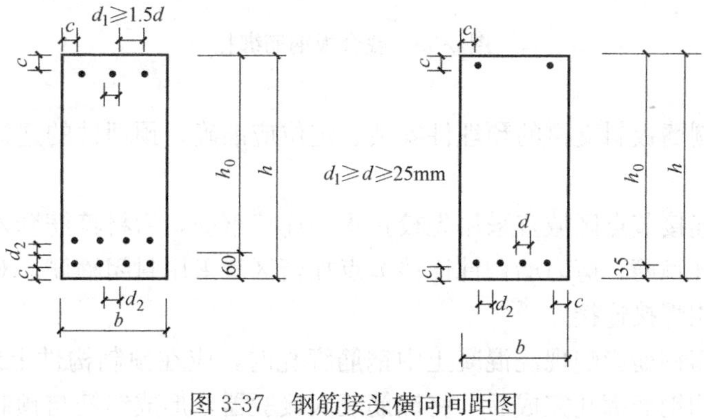

图 3-37　钢筋接头横向间距图

注：c——保护层厚。

当钢筋采用机械锚固措施时，钢筋锚固端的加工应符合现行国家相关标准的有关规定。采用钢筋锚固板时，应符合现行行业标准《钢筋锚固板应用技术规程》JGJ 256—2011 的有关规定（图 3-38）。

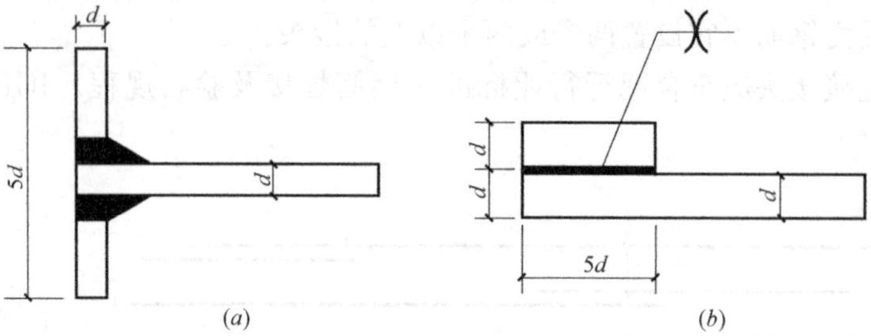
d
5d
d
(a)
d
d
d
5d
(b)

图 3-38　钢筋锚固端加工图

（a）末端与钢板穿孔塞焊；（b）末端与短钢筋双面贴焊

叠合板吊装前，宜将剪力墙连梁上部纵钢筋抽出，待叠合板安装、校正完毕后应重新安装现浇带的水平钢筋。

叠合板上铁钢筋绑扎前，应检查桁架钢筋的位置，并设置支撑马凳（图 3-39）。

叠合板吊装前,宜将剪力墙连梁上部纵钢筋抽出,待叠合板安装、校正完毕后应重新安装现浇带的水平钢筋。
叠合板上铁钢筋绑扎前,应检查桁架钢筋的位置,并设置支撑马凳。

图 3-39　叠合板钢筋绑扎

叠合板上预制墙板斜支撑的预埋件安装、定位应准确，预埋件的连接部位应做好防污染措施。

剪力墙构件连接节点区域宜采用先校正水平连接钢筋，后将箍筋套入，待墙体竖向钢筋连接完成后绑扎箍筋；剪力墙构件连接节点加密区宜采用封闭箍筋。对于带保温层的构件，箍筋不得采用焊接连接。

预制构件外露钢筋影响现浇混凝土中钢筋绑扎时，应在预制构件上预留钢筋接驳器，待现浇混凝土结构钢筋绑扎完成后，将锚筋旋入接驳器，形成锚筋与预制构件外露钢筋之间的连接（图 3-40）。

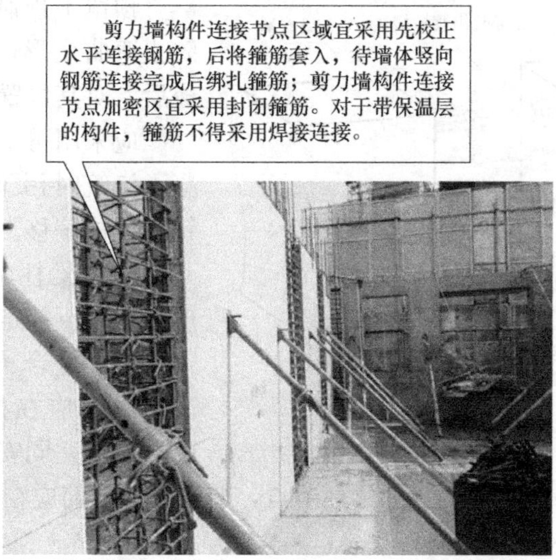
剪力墙构件连接节点区域宜采用先校正水平连接钢筋，后将箍筋套入，待墙体竖向钢筋连接完成后绑扎箍筋；剪力墙构件连接节点加密区宜采用封闭箍筋。对于带保温层的构件，箍筋不得采用焊接连接。

图 3-40　剪力墙连接节点区域

3.7　钢筋工程钢筋定位

位于现浇混凝土内的连接钢筋应埋设准确，锚固方式符合设计要求（图 3-41）。

构件交接处的钢筋位置应符合设计要求。当设计无具体要求时，应保证主要受力构件和构件中主要受力方向的钢筋位置，并应符合下列规定：

（1）框架节点处梁纵向受力钢筋宜置于柱纵向钢筋内侧。

（2）当主次梁底部标高相同时，次梁下部钢筋应放在主梁钢筋下部钢筋之上（图 3-42）。

图 3-41　现浇混凝土内的连接钢筋锚固方式

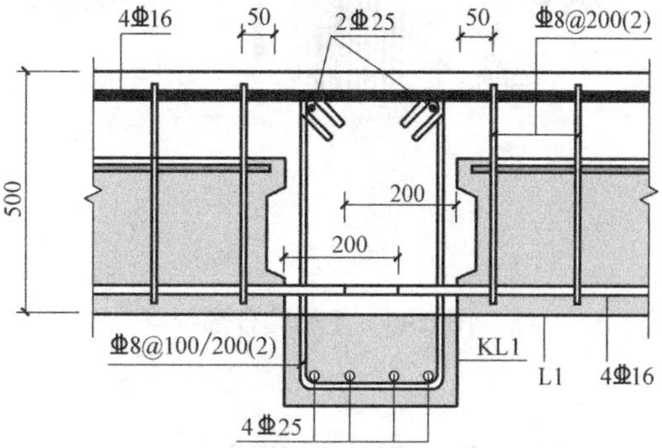
4Φ16
50
2Φ25
50
Φ8@200(2)
500
200
200
Φ8@100/200(2)
KL1
L1
4Φ16
4Φ25

图 3-42　主梁与次梁交接处钢筋布置图

（3）剪力墙中水平分布钢筋宜放在外侧，并宜在墙端弯折锚固。

位于现浇混凝土内的钢筋套筒灌浆连接接头的预留钢筋应采用专用定位模具对其中心位置进行控制，应采用可靠的绑扎固定措施对连接钢筋的外露长度进行控制（图 3-43）。

定位钢筋中心位置存在细微偏差时，宜采用套管方式进行细微调整。

定位钢筋中心位置存在严重偏差影响预制构件安装时，应会同设计单位制定专项处理方案，严禁切割、强行调整定位钢筋。

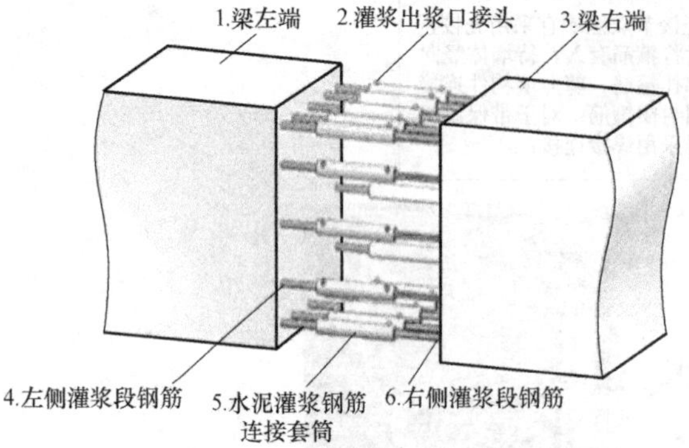

图 3-43　钢筋套筒连接接头定位图

预留于预制构件内的连接钢筋应防止弯曲变形，并在预制构件吊装完成后，对其位置进行校核与调整。

应采用可靠的保护措施，防止混凝土浇筑时污染定位钢筋、防止定位钢筋整体偏移。

预制梁柱节点区的钢筋安装时，应符合以下规定：

（1）叠合梁采用封闭箍筋时，梁上部纵筋应在构件厂预穿入箍筋内，随预制梁一同安装就位（图 3-44）。

（2）叠合梁采用封闭箍筋的预制梁柱节点，节点区柱箍筋应在构件厂预先安装于预制梁钢筋上，随预制梁一同安装就位。

（3）叠合梁采用开口箍筋时，梁上部纵筋应采用现场安装方式。

叠合板上铁钢筋可采用成品钢筋网片的整体安装方式（图 3-45）。

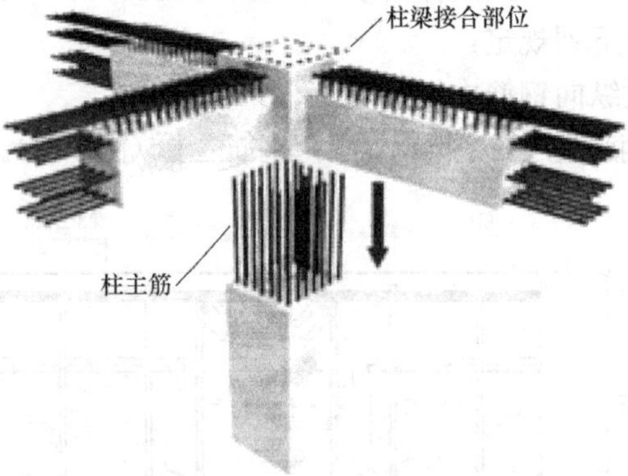

图 3-44　主梁接合部位

图 3-45　叠合板上钢筋网片

3.8　混凝土工程一般规定

装配式混凝土结构施工宜采用预拌混凝土。预拌混凝土应符合现行相关标准的规定。

混凝土拌合物工作性应符合设计与施工规定。装配式混凝土结构施工中的结合部位或接缝处，可采用自密实混凝土。自密实混凝土浇筑应符合现行相关标准的规定。

混凝土运输应符合下列规定：

（1）混凝土宜采用搅拌运输车运输，运输车辆应符合国家现行有关标准的规定。

（2）运输过程中应保证混凝土拌合物的均匀性和工作性。

(3) 应采取保证连续供应的措施，并应满足现场施工的需要。

混凝土浇筑施工前应进行钢筋工程隐蔽验收。

3.9 混凝土工程叠合构件

叠合构件混凝土浇筑前应清除叠合面上的杂物、浮浆及松散骨料，表面干燥时应洒水润湿，洒水后不得留有积水。

叠合构件混凝土浇筑时应采取由中间向两边的方式。

叠合构件与现浇构件交接处混凝土应加密振捣点，并适当延长振捣时间。

叠合构件混凝土浇筑时，不应移动预埋件的位置，且不得污染预埋件连接部位。

叠合构件的叠合层混凝土同条件立方体抗压强度达到混凝土设计强度等级值的75%后，方可拆除下一层支撑。

叠合层混凝土浇筑完成后可采取洒水、覆膜、喷涂养护剂等养护方式，养护时间不宜少于14d（图3-46）。

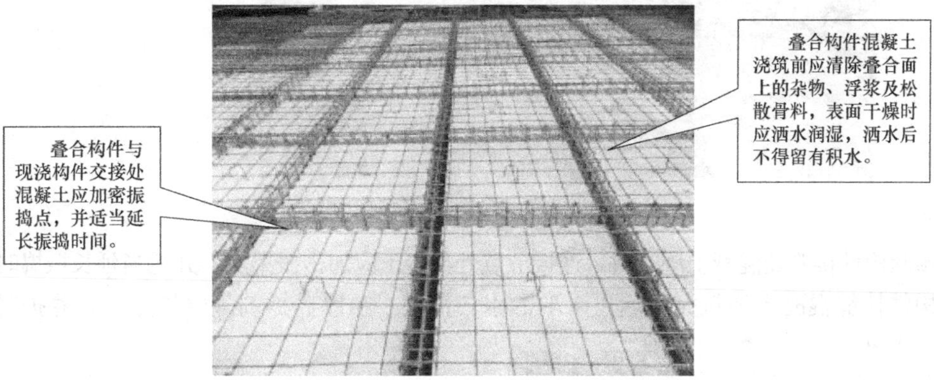

图3-46 叠合构件浇筑混凝土

3.10 混凝土工程构件接缝

装配式混凝土结构中预制构件的接头和拼缝处混凝土或砂浆的强度及收缩性能应符合设计要求，当设计无具体要求时应符合下列规定：

(1) 承受内力的接头和拼缝应采用混凝土浇筑，混凝土强度等级应不低于所连接的预制构件混凝土强度设计等级值的较大值。

(2) 非承受内力的接头和拼缝可采用混凝土或砂浆，浇筑混凝土强度等级应不低于C15，砂浆强度应不低于M15。

(3) 用于接头和拼缝的混凝土或砂浆，宜采用微膨胀、早强型混凝土或砂浆，在浇筑过程中应振捣密实，并应采取必要的养护措施。

预制构件现浇节点混凝土施工应符合下列规定：

(1) 连接节点、水平拼缝应连续浇筑，竖向拼缝可逐层浇筑，每层浇筑高度不宜大于2m，应采取保证混凝土或砂浆浇筑密实的措施。

（2）混凝土或砂浆的强度达到设计要求后，方可承受全部设计荷载。

预制楼梯与现浇梁板采用预埋件焊接连接时，应先施工梁板，后放置、焊接楼梯；采用锚固钢筋连接时，应先放置楼梯，后施工梁板。

预制梁、柱混凝土强度等级不同时，预制梁柱节点区混凝土应按强度等级高的混凝土浇筑。

混凝土浇筑应布料均衡。浇筑和振捣时，应对模板及支架进行观察和维护，发生异常情况应及时进行处理。构件接缝混凝土浇筑和振捣应采取措施防止模板、相连接构件、钢筋、预埋件及其定位件移位（图 3-47）。

采用锚固钢筋
连接时，应先放置
楼梯，后施工梁板。

图 3-47　楼梯采用锚固钢筋连接做法图

预制构件接缝处混凝土浇筑时，连接节点处混凝土应加密振捣点，并适当延长振捣时间。

构件接缝混凝土浇筑完成后可采取洒水、覆膜、喷涂养护剂等养护方式，养护时间不宜少于 14d。

3.11　装配式结构工程一般规定

装配式结构施工前，应按设计要求和施工方案进行必要的安装施工验算。

预制构件在安装前，预制构件的混凝土强度应符合设计要求。当设计无具体要求时，混凝土同条件立方体抗压强度不宜小于混凝土强度等级值的 75%。

装配式结构的连接节点及叠合构件的施工应进行隐蔽工程验收。

预制构件在安装过程中，应符合下列规定：

（1）预制构件起吊时的吊点合力应与构件重心重合，宜采用标准吊具均衡起吊就位，吊具可采用预埋吊环或埋置式接驳器的形式。专用内埋式螺母或内埋式吊杆及配套的吊具，应根据相应的产品标准和应用技术规定选用（图 3-48、图 3-49）。

（2）应根据预制构件形状、尺寸及重量和作业半径等要求选择适宜的吊具和起重设备；在吊装过程中，吊索与构件的水平夹角不宜小于 60°，不应小于 45°。使用平衡环均分受力可以解决吊装不平衡造成的构件断裂损坏。

装配式结构的施工全过程宜对预制构件及其上的建筑附件、预埋件、预埋吊件等采取保护措施，不得出现损伤或污染。

预制构件的缺陷修补应制定专项方案并应经设计认可后执行，缺陷修补完成后，应重新检查验收。

预制构件起吊时的吊点合力应与构件重心重合，宜采用标准吊具均衡起吊就位，吊具可采用预埋吊环或埋置式接驳器的形式。
应根据预制构件形状、尺寸及重量和作业半径等要求选择适宜的吊具和起重设备；在吊装过程中，吊索与构件的水平夹角不宜小于60°，不应小于45°。

图 3-48　预制构件吊装

图 3-49　预制构件吊装流程

3.12　装配式结构工程运输与存放

应制定预制构件运输计划与存放方案。

施工现场内道路应按照构件运输车辆的要求合理设置转弯半径及道路坡度，运输不同类型的墙板需要采用不同的运输方式，保证构件的运输过程中完好无损（图 3-50）。

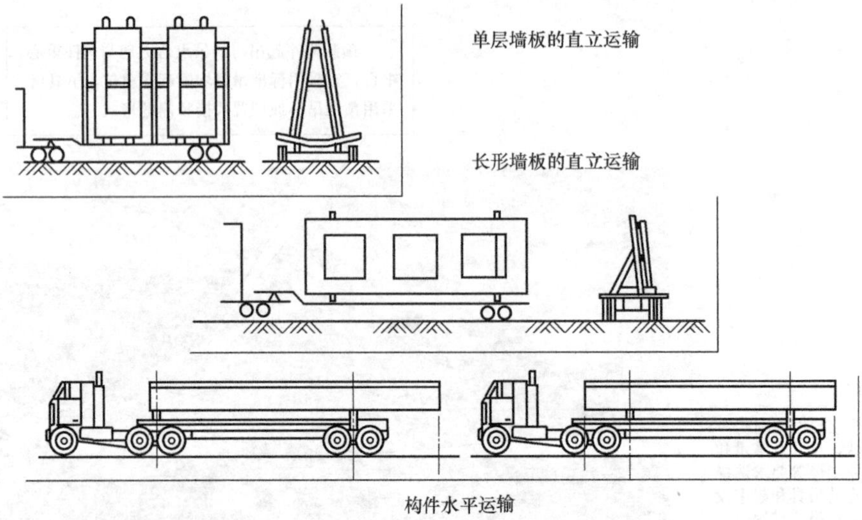
单层墙板的直立运输
长形墙板的直立运输
构件水平运输

图 3-50　构件水平运输图

现场运输道路和存放堆场应平整坚实，并有排水措施。运输车辆进入施工现场的道路，应满足预制构件的运输要求。卸放、吊装工作范围内不应有障碍物，并应有满足预制构件周转使用的场地。

预制构件装卸时应充分考虑车体平衡，采取绑扎固定措施；预制构件边角部或与紧固用绳索接触部位，宜采用垫衬加以保护（图 3-51、图 3-52）。

预制构件边角部或与紧固用绳索接触部位，宜采用垫衬加以保护

图 3-51　预制构件堆放图（一）

图 3-52　预制构件堆放图（二）

预制构件运送到施工现场后，应按规格、品种、使用部位、吊装顺序分别设置存放场地。存放场地应设置在吊车有效起重范围内，并设置通道（图 3-53、图 3-54）。

预制墙板可采用插放或靠放，堆放工具或支架应有足够的刚度，并支垫稳固。预制外墙板宜对称靠放、饰面朝外，且与地面倾斜角度不宜小于80°。

图 3-53　预制墙板摆放要求（一）

预制板类构件可采用叠放方式，层与层之间应垫平、垫实，各层支垫应上下对齐，最下面一层支垫应通长设置，叠放层数不宜大于 5 层。

预制墙板可采用插放或靠放，堆放工具或支架应有足够的刚度，并支垫稳固。预制外墙板宜对称靠放、饰面朝外，且与地面有倾斜角度不宜小于80°。

图 3-54　预制墙板摆放要求（二）

3.13　装配式结构工程构件安装与连接

安装准备应符合下列规定：

（1）装配式结构施工前，宜选择有代表性的单元或构件进行试安装，根据试安装结果及时调整完善施工方案，确定施工工艺及工序。

（2）安装施工前应按工序要求检查核对已施工完成结构部分的质量，测量放线后，做好安装定位标志。

（3）预制构件搁置的底面应清理干净。

（4）吊装机具应满足吊装重量、构件尺寸及作业半径等施工要求，并调试合格（图 3-55）。

吊装机具应满足吊装重量、构件尺寸及作业半径等施工要求，并调试合格。
预制构件应按照施工方案吊装顺序提前编号，吊装时严格按编号顺序起吊；预制构件吊装就位并校准定位后，应及时设置临时支撑或采取临时固定措施。

图 3-55　预制构件吊装顺序

预制构件应按照施工方案吊装顺序提前编号，吊装时严格按编号顺序起吊；预制构件吊装就位并校准定位后，应及时设置临时支撑或采取临时固定措施（图 3-56～图 3-59）。

预制构件应按照施工方案吊装顺序提前编号，吊装时严格按编号顺序起吊。

图 3-56　预制构件应按照施工方案吊装顺序提前编号

图 3-57　预制构件安装流程图

预制构件吊装应符合下列规定：

（1）预制构件吊装应采用慢起、快升、缓放的操作方式；构件吊装校正，可采用起吊、就位、初步校正、精细调整的作业方式，构件吊运可以采用双吊车四吊点、带分配梁的四吊点、双吊车两分配梁八支点、带分配梁的八支点等方式；起吊应依次逐级增加速度，不应越档操作；构件吊装下降时，构件根部应系好缆风绳控制构件转动（图 3-60）。

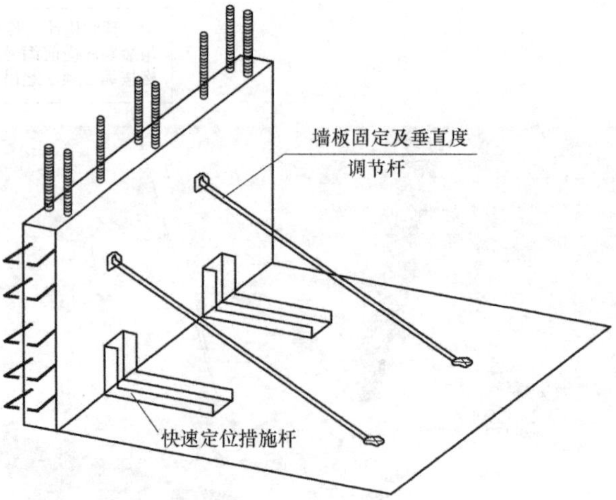

图 3-58　墙板快速固定图

图 3-59　水平构件、竖向构件的临时固定措施

（2）预制外墙板饰面材料发生碰损时，应在安装前修补，调换、修补饰面材料应采用配套胶粘剂。涉及结构性的损伤，应由设计、施工和构件生产单位协商处理，满足结构安全、使用功能。

预制构件安装采用临时支撑时，应符合下列规定：

（1）每个预制构件的临时支撑不宜少于 2 道。

（2）对预制柱、墙板的上部斜支撑，其支撑点距离板底的距离不宜小于板高的 2/3，且不应小于板高的 1/2。

（3）构件安装就位后，可通过临时支撑对构件的位置和垂直度进行微调（图 3-61）。

预制构件吊装校核与调整应符合下列规定：

（1）预制墙板、预制柱等竖向构件安装后应对安装位置、安装标高、垂直度、累计垂直度进行校核与调整。

（2）预制叠合类构件、预制梁等横向构件安装后应对安装位置、安装标高进行校核与调整（图 3-62）。

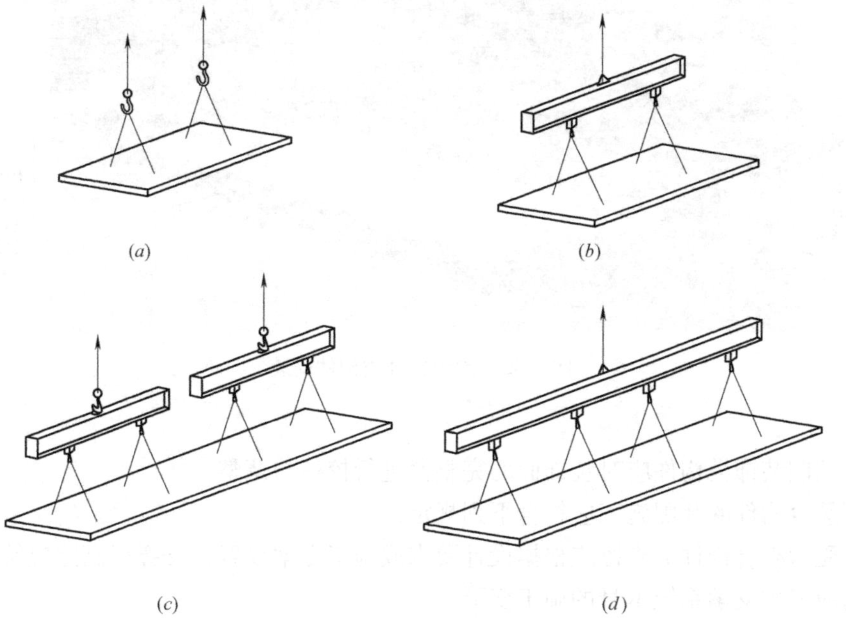

图 3-60　预制构件吊装

(*a*) 双吊车四吊点；(*b*) 带分配梁的四个吊点；

(*c*) 双吊车两分配梁八支点；(*d*) 带分配梁的八吊点

每个预制构件的临时支撑不宜少于2道。
构件安装就位后，可通过临时支撑对构件的位置和垂直度进行微调。
预制墙板、预制柱等竖向构件安装后应对安装位置、安装标高、垂直度、累计垂直度进行校核与调整。

图 3-61　构件安装要求

(3) 相邻预制板类构件，应对相邻预制构件平整度、高差、拼缝尺寸进行校核与

图 3-62　预制叠合类构件安装

调整。

（4）预制装饰类构件应对装饰面的完整性进行校核与调整。

受弯叠合构件的装配施工应符合下列规定：

（1）受弯叠合构件的支撑应根据设计要求或施工方案设置，支撑标高除应符合设计规定外，尚应考虑支承系统本身的施工变形。

（2）控制施工荷载不超过设计规定，并应避免单个预制构件承受较大的集中荷载。

埋设于叠合层的机电管线宜进行综合排布设计，避免管线交叉部位与桁架钢筋重叠、同一部位的管线交叉不得超过 2 次。

采用套筒灌浆连接时，首先应检查套筒中连接钢筋的位置和长度满足设计要求，检验下方结构伸出的连接钢筋的位置和长度，应符合设计要求。

钢筋位置偏差不得大于±3mm（可用钢筋位置检验模板检测）；钢筋不正时可用钢管套住掰正，长度偏差在 0～15mm 之间；钢筋表面干净，无严重锈蚀，无粘贴物。构件水平接缝（灌浆缝）基础面干净、无油污等杂物。高温干燥季节还应对构件与灌浆料接触的表面做润湿处理，但不得形成积水（图 3-63）。

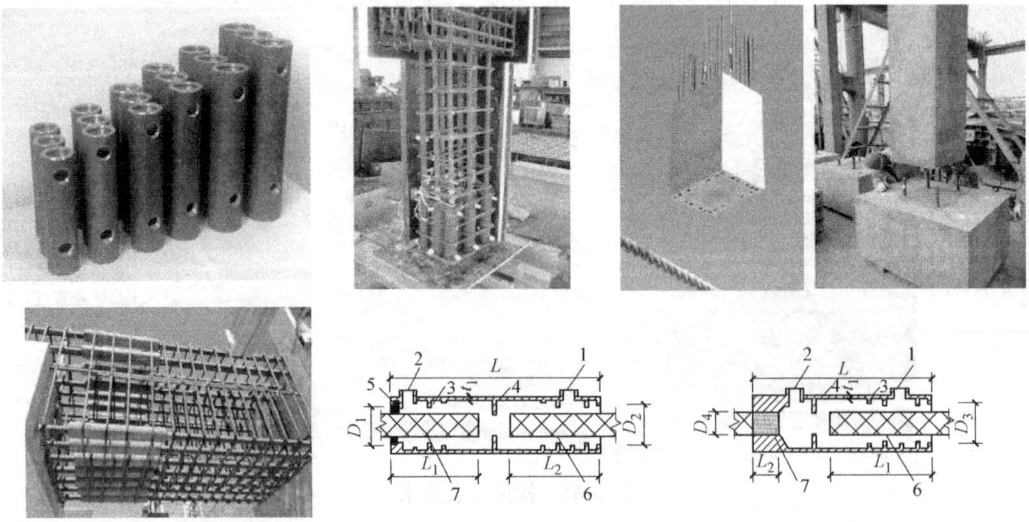

图 3-63　钢筋位置检验

水平构件、竖向构件的套筒连接应遵循套筒连接的流程进行，逐步做好构件的连接（图 3-64、图 3-65）。

图 3-64 水平构件的套筒连接

图 3-65 竖向构件的套筒连接

其次套筒和灌浆材料应采用同一厂家经认证的配套产品，套筒灌浆施工尚应符合以下规定：

（1）灌浆操作全过程应由监理人员旁站，并形成记录。

（2）灌浆料应按产品说明书要求计量灌浆料和水的用量，经搅拌均匀并测定其流动度满足要求后方可灌注。

（3）灌浆料应在初凝前用完，灌浆作业应采取压浆法从下口灌注，当灌浆料从上口流出时应及时封堵，持压 30s 后再封堵下口。

（4）冬期施工时环境温度应在5℃以上，并应对连接处采取加热保温措施，保证浆料在48h凝结硬化过程中连接部位温度不低于10℃。

（5）灌浆后12h内不得使构件和灌浆层受到振动、碰撞。

（6）灌浆作业应及时做好施工质量检查记录，并按要求每工作班制作一组试件（图3-66、图3-67）。

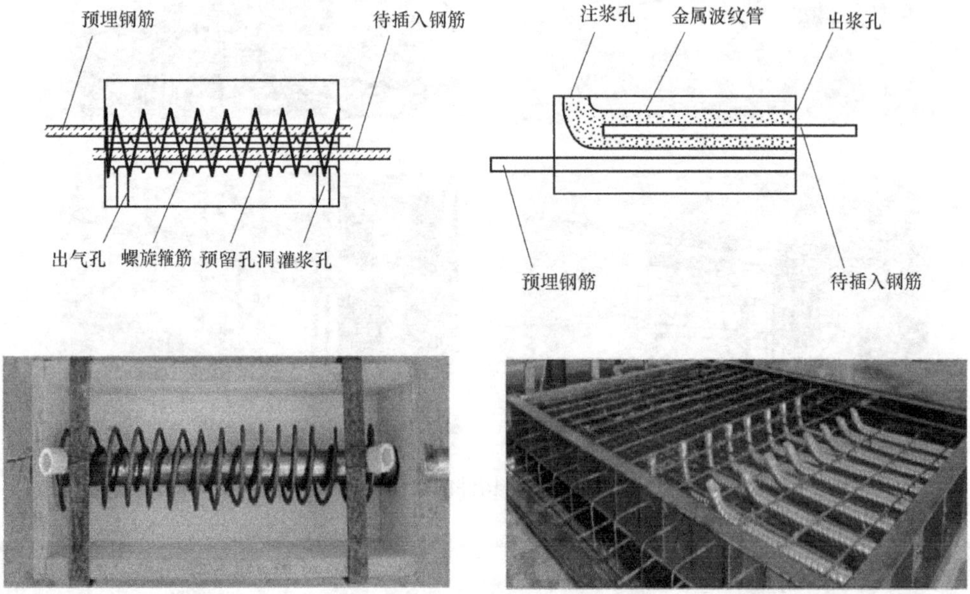

图3-66　浆锚搭接连接

图3-67　灌浆料施工

3.14　装配式结构工程节点与接缝施工

装配整体式混凝土结构的后浇混凝土节点应根据施工方案要求的顺序施工。

装配式结构连接部位后浇混凝土或灌浆料强度达到设计规定的强度时方可进行上部结构吊装施工或拆除支撑。

预制构件采用焊接或螺栓连接时，应按设计或有关规范的要求进行施工检查和质量控制，并应对明露铁件采取防腐和防火措施。

装配施工中连接接头处的钢筋连接或锚固应满足设计和有关规范的规定，采用焊接连接时应避免由于连续施焊引起预制构件及连接部位混凝土开裂（图 3-68）。

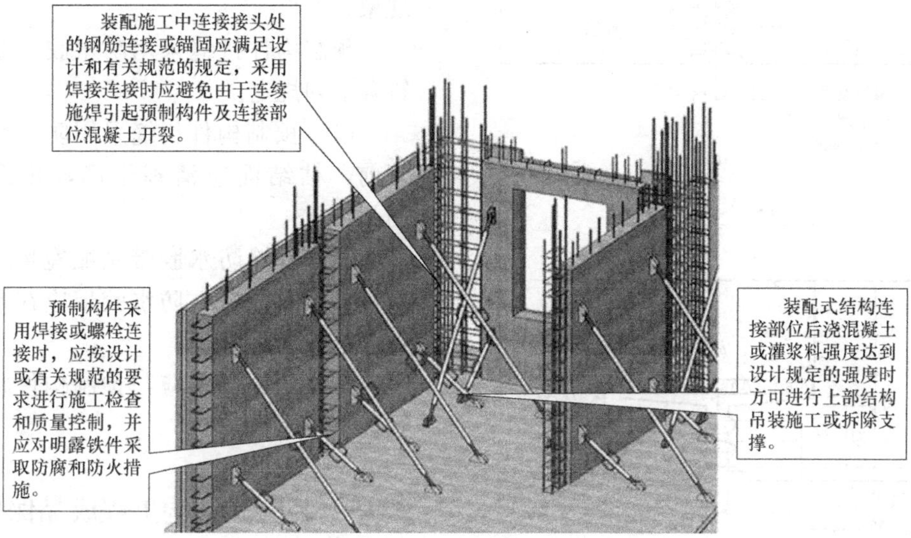

图 3-68　预制构件施工节点

预制外墙板吊装前的防水施工应符合下列规定：

（1）止水条粘贴前，应先清扫混凝土表面灰尘，涂上专用胶粘剂后，压入止水条。

（2）内侧止水条在构件加工厂或现场粘贴后，现场吊装前，应检查止水条粘贴的牢固性与完整性。

（3）运输、堆放、吊装过程中应保护防水空腔、止水条与水平缝等部位，缺棱掉角及损坏处应在吊装就位前修复。

预制外墙板侧粘贴止水条时应符合下列规定：

（1）连接止水条与预制外墙板应采用专用胶粘剂粘贴，止水条与相邻的预制外墙板应压紧、密实。

（2）应在预制外墙板混凝土达到设计强度要求后粘贴连接。

（3）止水条作业时，应检查预制外墙板小口的缺陷（气泡）是否在范围内，粘结面应为干燥状态。

（4）应在混凝土和止水条两面均匀涂刷胶粘剂。

（5）止水条安装后宜用小木槌边敲打边粘结（图 3-69）。

密封防水胶施工应符合下列规定：

（1）预制外墙板外侧水平、竖直接缝的密封防水胶封堵前，侧壁应清理干净，保持干燥，事先应对嵌缝材料的性能、质量和配合比进行检查。嵌缝材料应与板牢固粘结，不得漏嵌和虚粘。

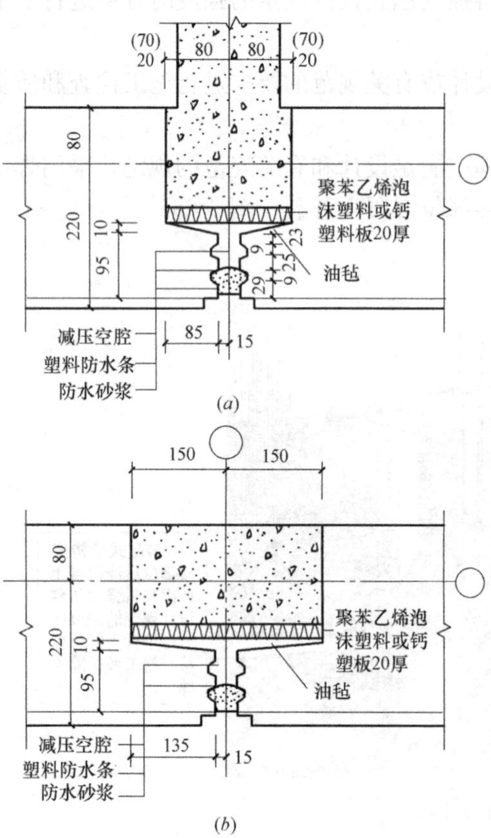

图 3-69　预制外墙板侧粘贴止水条图示
(*a*) 纵墙；(*b*) 山墙

(2) 外侧竖缝及水平缝密封防水胶的注胶宽度、厚度应符合设计要求，密封防水胶应在预制外墙板固定校核后嵌填，先放填充材料，后打胶，施工时，不应堵塞防水空腔，注胶应均匀、顺直、饱和、密实，表面应光滑，不应有裂缝现象。

预制构件拼缝采用防水胶带施工应符合下列规定：

(1) 预制构件拼缝采用防水胶带施工前，粘结面应清理干净，并涂刷界面剂。

(2) 拼缝防水胶带粘贴宽度、厚度应符合设计要求，防水胶带应在预制构件固定校核后粘贴。

(3) 防水胶带应与预制构件粘结牢固，不得虚粘。

3.15　装配式结构工程成品保护

预制构件在运输、堆放、安装施工过程中及装配后应做好成品保护，成品保护应采取包、裹、盖、遮等有效措施。预制构件堆放处 2m 内不应进行电焊、气焊作业。

安装完成的竖向构件阳角、楼梯踏步口宜采用木条或其他覆盖形式进行保护。

预制外墙板安装完毕后，墙板内预置的门、窗框应用槽型木框保护。

3.16　装配式结构工程安全文明

装配式结构施工过程中的安全、职业健康和环境保护等要求应按照《建筑施工安全检查标准》(JGJ 59—2011) 和《建设工程施工现场环境与卫生标准》(JGJ 146—2013) 的有关规定执行。

施工单位应对预制构件吊装的作业及相关人员进行安全培训与交底，明确预制构件进场、卸车、存放、吊装、就位各环节的作业风险，并制定防止危险情况的处理措施。

预制构件卸车时，应按照规定的装卸顺序进行卸车，确保车辆平衡，避免由于卸车顺序不合理导致车辆倾覆。

预制构件卸车后，应将构件按编号或按使用顺序，依次存放于构件堆放场地，构件堆放场地应设置临时固定措施，避免构件存放工具失稳造成构件倾覆。

安装作业开始前，应对安装作业区进行围护并树立明显的标识，拉警戒线，并派专人看管，严禁与安装作业无关的人员进入。

应定期对预制构件吊装作业所用的工具、吊具、锁具进行检查，发现有可能存在的使用风险，应立即停止使用。

吊机吊装区域内，非操作人员严禁进入。吊运预制构件时，构件下方严禁站人，应待吊物降落至离地 1m 以内方准靠近，就位固定后方可脱钩。

装配式结构在绑扎柱、墙钢筋时，应采用专用高凳作业，当高于围挡时，作业人员应佩戴穿芯自锁保险带。

遇到雨、雪、雾天气，或者风力大于 6 级时，不得进行吊装作业。

3.17 装配式结构工程绿色施工

预制构件运输过程中，应保持车辆整洁，防止对场内道路的污染，并减少扬尘。

现场各类预制构件应分别集中堆放整齐，并悬挂标识牌，严禁乱堆乱放，不得占用施工临时道路，并做好防护隔离。

预制外墙板内保温系统的材料，采用粘结板块或喷漆工艺的内保温层，其组成材料应彼此相容，并应对人体和环境无害。

在施工现场应加强对废水、污水的管理，现场应设置污水池和排水沟。废水、废弃涂料、胶料应统一处理，严禁未经处理而直接排入下水管道。

预制构件施工中产生的胶粘剂、稀释剂等易燃、易爆化学制品的废弃物应及时收集送至指定储存器内并按规定回收，严禁丢弃未经处理的废弃物。

施工期间，应严格控制噪声和遵守《建筑施工场界环境噪声排放标准》GB 12523—2011 的规定。

夜间施工时，应防止光污染对周边居民的影响。

第 4 章　装配式混凝土结构分项工程验收

4.1　钢筋分项工程

1. 主控项目

钢筋安装时，钢筋的品种、级别、规格和数量必须符合设计要求。

检查数量：全数检查。

检验方法：检查钢筋的品种、级别、规格和数量是否符合图纸设计要求，对照加工好的钢筋上的标示牌进行查看，必要时使用钢尺对钢筋下料长度进行检查。

预埋于现浇混凝土内的钢筋套筒灌浆接头的预留钢筋应采用定型钢模具措施对其位置进行控制；应采用可靠的固定措施对预留连接钢筋的外露长度进行控制。

检查数量：全数检查。

检验方法：检查预留连接钢筋的外露长度是否有可靠的固定措施，对预埋的钢筋套筒内的预留钢筋是否采用定型钢模进行控制（图 4-1、图 4-2）。

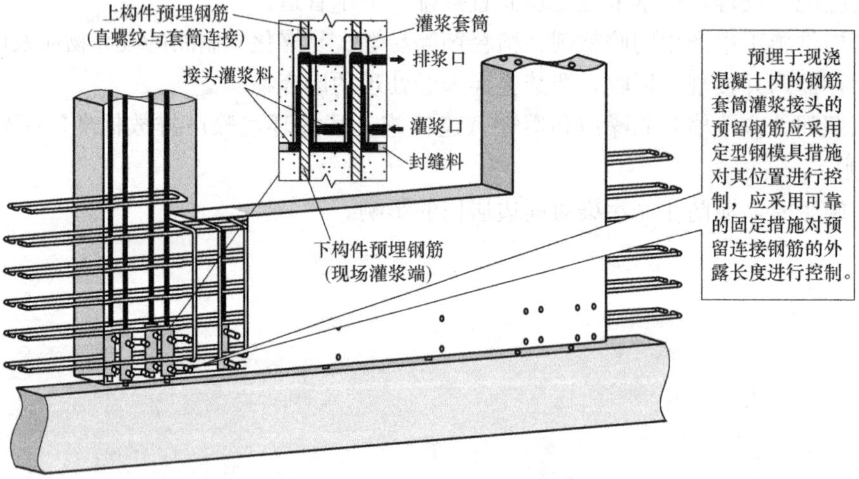

图 4-1　预留灌浆口灌浆

与预制构件连接的定位钢筋、连接钢筋、桁架钢筋及预埋件等安装位置偏差必须符合表 4-1 的规定。

检查数量：全数检查。

检验方法：观察，钢尺检查，用钢尺量两端、中间各一点，三点中取最大值；钢尺检查预埋件位置时还应配合使用塞尺进行精准测量，保证测量读数精准。

2. 一般项目

装配式混凝土结构中后浇混凝土中钢筋安装位置的偏差应符合表 4-1 的规定。

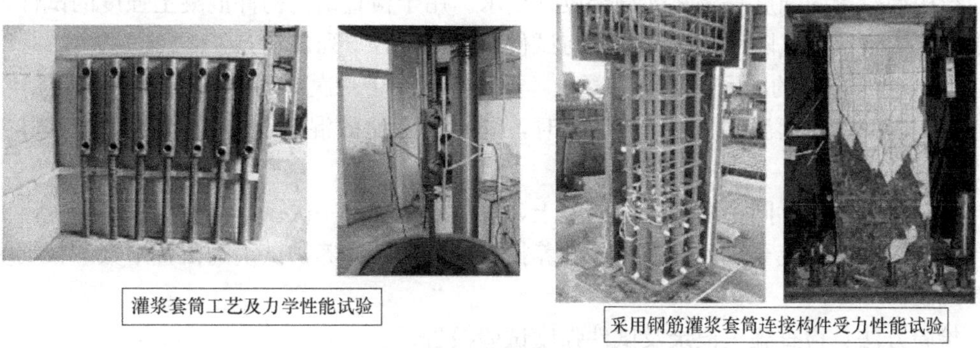

灌浆套筒工艺及力学性能试验
采用钢筋灌浆套筒连接构件受力性能试验

图 4-2　灌浆套筒力学性能试验

检查数量：在同一检验批内，对梁和柱，应抽查构件数量的 10%，且不少于 3 件；对墙和板，应按有代表性的自然间抽查 10%，且不少于 3 间。

钢筋安装位置的允许偏差和检验方法　　表 4-1

项目		允许偏差（mm）	检验方法
绑扎钢筋网	长、宽	±10	尺量
	网眼尺寸	±20	尺量连续三档，取最大偏差值
绑扎钢筋骨架	长	±10	尺量
	宽、高	±5	尺量
纵向受力钢筋	锚固长度	−20	尺量
	间距	±10	尺量两端、中间各一点，取最大偏差值
	排距	±5	尺量
纵向受力钢筋、箍筋的混凝土保护层厚度	基础	±10	尺量
	柱、梁	±5	尺量
	板、墙、壳	±3	尺量
绑扎钢筋、横向钢筋间距		±20	尺量连续三档，取最大偏差值
钢筋弯起点位置		20	尺量，沿纵、横两个方向量测，并取其中偏差的较大值
预埋件	中心线位置	5	尺量
	水平高差	+3，0	塞尺量测

注：1. 检查预埋件中心线位置时，应沿纵、横两个方向量测，并取其中最大值。
2. 表中梁类、板类构件上部纵向受力钢筋保护层厚度的合格点率应达到 90%以上，且不得有超过 1.5 倍允许偏差、螺栓和孔道位置时，应由纵、横两个方向量测，并取其中的较大值。

检验方法：抽查一定比例的梁柱、墙板，用钢尺和拉线等辅助量具进行检查，对预埋件位置、钢筋保护层厚度进行横、纵方向实量，并填写好记录备查。

4.2　混凝土分项工程

1. 主控项目

结构混凝土的强度等级必须符合设计要求。用于检查结构构件混凝土强度的试件，应在混凝土的浇筑地点随机抽取。取样与试件留置应符合下列规定：

（1）每 $100m^3$ 的同配合比的混凝土，取样不得少于一次。

（2）当一次连续浇筑超过 $1000m^3$ 时，同一配合比的混凝土每 $200m^3$ 取样不得少于一次。

（3）每一楼层、同一配合比的混凝土，取样不得少于一次。

（4）每次取样应至少留置一组标准养护试块，同条件养护试块的留置组数应根据实际需要确定。

检验方法：检查施工记录及试件强度试验报告。

叠合构件的现浇层混凝土同条件立方体抗压强度达到混凝土设计强度等级值的75%后，方可拆除下一层支撑。

检验方法：检查施工记录及试件强度试验报告。

混凝土运输、浇筑及间歇的全部时间不应超过混凝土的初凝时间。同一施工段的混凝土应连续浇筑，并应在底层混凝土初凝之前将上一层混凝土浇筑完毕。

检查数量：全数检查。

检验方法：观察浇筑混凝土时是否制作试块、留置部位是否准确，以及检查制作试块是否符合规范要求，并检查施工单位的施工记录，对照检查。

2. 一般项目

施工缝的位置应在混凝土浇筑前按设计要求和施工技术方案确定。施工缝的处理应按施工技术方案执行。

检查数量：全数检查。

检验方法：按设计图纸以及施工技术方案对现场施工缝留置的位置进行查看，检查位置是否设置准确、是否设置合理、施工缝做法是否正确，并检查施工单位的施工记录是否齐备。

后浇带的留置位置应按设计要求及施工技术方案确定。后浇带混凝土浇筑应按施工技术方案进行。

检查数量：全数检查。

检验方法：按设计图纸以及施工技术方案对现场后浇带留置的位置进行查看，检查位置是否设置准确、是否设置合理、后浇带做法是否正确，并检查施工单位的施工记录是否齐备。

混凝土浇筑完毕后，应按施工技术方案及时采取有效的养护措施，并应符合下列规定：

（1）应在浇筑完毕后的12h以内对混凝土加以覆盖并保湿养护。

（2）混凝土浇水养护的时间不得少于7d，对有抗渗要求的混凝土，不得少于14d。

（3）浇水次数应能保持混凝土处于湿润状态。

（4）采用塑料布覆盖养护的混凝土，其敞露的全部表面应覆盖严密，并应保持塑料布内有凝结水。

（5）混凝土强度达到 $1.2N/mm^2$ 前，不得在其上踩踏或安装模板及支架。

检查数量：全数检查。

检验方法：在浇筑混凝土前应检查是否准备了覆盖材料，数量是否满足现场使用，在浇筑混凝土后检查是否按照要求进行养护并覆盖塑料薄膜，定期检查混凝土是否保持湿润状态，并检查施工记录是否齐备。

4.3 装配式结构分项工程

1. 预制构件进场验收

主控项目：

进入现场的预制构件应具有出厂合格证及相关质量证明文件，产品质量应符合设计及相关技术标准要求。

检查数量：全数检查。

检验方法：检查出厂合格证是否对应本批次预制构件，并检查本批次预制构件的随车质量证明文件。

说明：工厂生产的预制构件，进场验收时作为产品进行验收，检验其质量证明文件和表面标识即可。质量证明文件包括产品合格证和混凝土强度检验报告，需要进行结构性能检验的预制构件，尚应提供有效的结构性能检验报告。对于钢筋、混凝土原材料及构件制作过程中应参照相关规范的规定进行检验，过程检验的各种合格证明文件在预制构件进场时可不提供，但应保留在构件生产企业，以便需要时查阅。预制构件表面的标识应清晰、可靠，以确保能够识别预制构件的“身份”，并在施工全过程中对发生的质量问题可追溯。

预制构件应在明显部位标明生产单位、项目名称、构件型号、生产日期、安装方向及质量合格标志。

检查数量：全数检查。

检验方法：详细查看质量证明文件内容是否与预制构件上标记的内容一致。

观察预制构件吊装预留吊环、预留焊接埋件，应安装牢固、无松动。

检查数量：全数检查。

检验方法：观察检查。

预制构件的外观质量不应有严重缺陷，对已经出现的严重缺陷，应按技术处理方案进行处理，并重新检查验收。

检查数量：全数检查。

检验方法：观察检查，检查技术处理方案是否满足要求。

说明：缺陷可按规范《混凝土结构工程施工质量验收规范》GB 50204—2015 第 8 章及与预制构件相关的国家现行相关标准的有关规定进行判断（表 4-2）。对于出现的严重缺陷及影响结构性能和安装、使用功能的尺寸偏差，处理方式同《混凝土结构工程施工质量验收规范》GB 50204—2015 第 8.2 节、第 8.3 节的有关规定。现场制作的预制构件应按《混凝土结构工程施工质量验收规范》GB 50204—2015 第 8 章的有关规定处理，并检查技术处理方案。工厂生产的预制构件处理应由预制构件生产企业完成，并按《混凝土结构工程施工质量验收规范》GB 50204—2015 的规定重新验收。

2. 装配式结构现浇部分的外观质量、位置偏差、尺寸偏差验收

（1）外观质量

1）主控项目

现浇结构的外观质量不应有严重缺陷。

对已经出现的严重缺陷，应由施工单位提出技术处理方案，并经监理单位认可后进行处理；对裂缝、连接部位出现的严重缺陷及其他影响结构安全的严重缺陷，技术处理方案尚应经设计单位认可。对经处理的部位应重新验收。

现浇结构外观质量缺陷 **表 4-2**

名称	现象	严重缺陷	一般缺陷
露筋	构件内钢筋未被混凝土包裹而外露	纵向受力钢筋有露筋	其他钢筋有少量露筋
蜂窝	混凝土表面缺少水泥砂浆而形成石子外露	构件主要受力部位有蜂窝	其他部位有少量蜂窝
孔洞	混凝土中孔穴深度和长度均超过保护层厚度	构件主要受力部位有孔洞	其他部位有少量孔洞
夹渣	混凝土中夹有杂物且深度超过保护层厚度	构件主要受力部位有夹渣	其他部位有少量夹渣
疏松	混凝土中局部不密实	构件主要受力部位有疏松	其他部位有少量疏松
裂缝	裂缝从混凝土表面延伸至混凝土内部	构件主要受力部位有影响结构性能或使用功能的裂缝	其他部位有少量不影响结构性能或使用功能的裂缝
连接部位缺陷	构件连接处混凝土有缺陷及连接钢筋、连接件松动	连接部位有影响结构传力性能的缺陷	连接部位有基本不影响结构传力性能的缺陷
外形缺陷	缺棱掉角、棱角不直、翘曲不平、飞边凸肋等	清水混凝土构件有影响使用功能或装饰效果的外形缺陷	其他混凝土构件有不影响使用功能的外形缺陷
外表缺陷	构件表面麻面、掉皮、起砂、沾污等	具有重要装饰效果的清水混凝土构件有外表缺陷	其他混凝土构件有不影响使用功能的外表缺陷

检查数量：全数检查。

检验方法：观察，检查处理记录。

2）一般项目

现浇结构的外观质量不应有一般缺陷。

对已经出现的一般缺陷，应由施工单位按技术处理方案进行处理。对经处理的部位应重新验收（不需监理批准，但应有方案并备案和重新验收）。

检查数量：全数检查。

检验方法：观察，检查处理记录。

（2）位置和尺寸偏差

1）主控项目

现浇结构不应有影响结构性能和使用功能的尺寸偏差；混凝土设备基础不应有影响结构性能和设备安装的尺寸偏差。

对超过尺寸允许偏差且影响结构性能和安装、使用功能的部位，应由施工单位提出技术处理方案，经监理、设计单位认可后进行处理（新标准变化）。对经处理的部位应重新验收。

检查数量：全数检查。

检验方法：量测，检查处理记录。

2）一般项目

现浇结构的位置、尺寸偏差及检验方法应符合表 4-3 的规定。

现浇结构位置、尺寸允许偏差及检验方法 **表 4-3**

项目			允许偏差(mm)	检验方法
轴线位置	整体基础		15	经纬仪及尺量
	独立基础		10	经纬仪及尺量
	柱、墙、梁		8	尺量
垂直度	柱、墙层高	≤6m	10	经纬仪或吊线、尺量
		>6m	12	经纬仪或吊线、尺量
	全高(H)≤300m		H/30000+20	经纬仪、尺量
	全高(H)>300m		H/10000 且≤80	经纬仪、尺量
标高	层高		±10	水准仪或拉线、尺量
	全高		±30	水准仪或拉线、尺量
截面尺寸	基础		+15，−10	尺量
	柱、梁、板、墙		+10，−5	尺量
	楼梯相邻踏步高差		±6	尺量
电梯井洞	中心位置		10	尺量
	长、宽尺寸		+25，0	尺量
表面平整度			8	2m 靠尺和塞尺检查
预埋件中心位置	预埋板		10	尺量
	预埋螺栓		5	尺量
	预埋管		5	尺量
	其他		10	尺量
预留洞、孔中心线位置			15	尺量

注：1. 检查轴线、中心线位置时，沿纵、横两个方向测量，并取其中偏差的较大值。
2. H 为全高，单位为毫米。

检查数量：按楼层、结构缝或施工段划分检验批。在同一检验批内，对梁、柱和独立基础，应抽查构件数量的 10%，且不应少于 3 件；对墙和板，应按有代表性的自然间抽查 10%，且不应少于 3 间；对大空间结构，墙可按相邻轴线间高度 5m 左右划分检查面，板可按纵、横轴线划分检查面，抽查 10%，且均不应少于 3 面；对电梯井，应全数检查。

现浇设备基础的位置和尺寸应符合设计和设备安装的要求。其位置和尺寸偏差及检验方法应符合表 4-4 的规定。

检查数量：全数检查。

预制构件的预埋件、插筋及预留孔洞等规格、位置和数量应符合表 4-5 的规定。对存在的影响安装及施工功能的缺陷，应按技术处理方案进行处理，并重新检查验收。

检查数量：按同一生产企业、同一品种的构件，不超过 100 个为一批，每批抽查构件数量的 5%，且不少于 3 件。

现浇设备基础位置和尺寸允许偏差及检验方法　　表 4-4

项　　目		允许偏差(mm)	检验方法
坐标位置		20	经纬仪及尺量
不同平面标高		0,−20	水准仪或拉线、尺量
平面外形尺寸		±20	尺量
凸台上平面外形尺寸		0,−20	尺量
凹槽尺寸		+20,0	尺量
平面水平度	每米	5	水平尺、塞尺量测
	全长	10	水准仪或拉线、尺量
垂直度	每米	5	经纬仪或吊线、尺量
	全高	10	经纬仪或吊线、尺量
预埋地脚螺栓	中心位置	2	尺量
	顶标高	+20,0	水准仪或拉线、尺量
	中心距	±2	尺量
	垂直度	5	吊线、尺量
预埋地脚螺栓孔	中心线位置	10	尺量
	截面尺寸	+20,0	尺量
	深度	+20,0	尺量
	垂直度	h/100,且≤10	吊线、尺量
预埋活动地脚螺栓锚板	中心线位置	5	尺量
	标高	+20,0	水准仪或拉线、尺量
	带槽锚板平整度	5	直尺、塞尺量测
	带螺纹孔锚板平整度	2	直尺、塞尺量测

注：1. 检查坐标、中心线位置时，应沿纵、横两个方向测量，并取其中偏差的较大值。
2. h 为预埋地脚螺栓孔孔深，单位为毫米。

预制构件主控项目尺寸的允许偏差及检验方法　　表 4-5

项　　目		允许偏差(mm)	检验方法
预留连接钢筋	中心位置	5	钢尺检查
	外露长度	+10,−5	钢尺检查
预埋灌浆套筒	中心位置	2	钢尺检查
	套筒内部	未堵塞	观察检查
预埋件(安装用孔洞或螺母)	中心位置	5	钢尺检查
	螺母内壁	未堵塞	观察检查
桁架钢筋高度		+5,0	钢尺检查
与后浇部位模板接槎范围表面平整度		2	2m 靠尺和塞尺检查

检验方法：观察、尺量检查，检查技术处理方案是否满足要求。

预制构件不应有影响结构性能和安装、使用功能的尺寸偏差。对超过尺寸允许偏差且影响结构性能和安装、使用功能的部位，应按技术处理方案进行处理，并重新检查验收。

检查数量：全数检查。

检验方法：使用卷尺进行实测实量，如果有缺陷，检查技术处理方案是否满足要求。

预制构件的外观质量不宜有一般缺陷。对已经出现的一般缺陷，应按技术处理方案进行处理，并重新检查验收。

检查数量：全数检查。

检验方法：观察预制构件外观是否满足要求，如果有缺陷，检查技术处理方案是否满足要求。

预制构件的一般尺寸偏差应符合表 4-6 的规定。

检查数量：同一批次进场的同类型构件，抽查 5%且不少于 5 件。

检验方法：用钢尺对预制构件的长、宽、高进行量测检查。

预制构件一般尺寸允许偏差和检验方法 **表 4-6**

项目			允许偏差(mm)	检验方法
长度	楼板、梁、柱、桁架	＜12m	±5	尺量
		≥12m 且＜18m	±10	
		≥18m	±20	
	墙板		±4	
宽度、高(厚)度	楼板、梁、柱、桁架		±5	尺量一端及中部，取其中偏差绝对值
	墙板		±4	
表面平整度	楼板、梁、柱、墙板内表面		5	2m 靠尺和塞尺量测
	墙板外表面		3	
侧向弯曲	楼板、梁、柱		$L/750$ 且≤20	拉线、直尺量测，最大侧向弯曲处
	墙板、桁架		$L/1000$ 且≤20	
翘曲	楼板		$L/750$	调平尺在两端量测
	墙板		$L/1000$	
对角线	楼板		10	尺量两个对角线
	墙板		5	
预留孔	中心线位置		5	尺量
	孔尺寸		±5	
预留洞	中心线位置		10	尺量
	洞口尺寸、深度		±10	
预埋件	预埋板中心线位置		5	尺量
	预埋板与混凝土面平面高差		0，−5	
	预埋螺栓		2	
	预埋螺栓外露长度		+10，−5	
	预埋套筒、螺母中心线位置		2	
	预埋套筒、螺母与混凝土面平面高差		±5	

续表

项　　目		允许偏差(mm)	检验方法
预留插筋	中心线位置	5	尺量
	外露长度	+10,−5	
键槽	中心线位置	5	尺量
	长度、宽度	±5	
	深度	±10	

注：1. L 为构件长度（mm）。
2. 检查中心线、螺栓和孔道位置时，应由纵、横两个方向量测，并取其中的较大值。

说明：本条给出的预制构件尺寸偏差是预制构件的基本要求，如根据具体工程要求提出高于本条规定时，应按设计要求或合同规定执行。

3. 预制构件安装验收

（1）主控项目

预制构件安装临时固定及支撑措施应有效可靠，符合设计及相关技术标准要求。

检查数量：全数检查。

检验方法：观察检查。

预制构件与预制构件、预制构件与主体结构之间的连接应符合设计要求。采用螺栓连接时应符合《钢结构工程施工质量验收规范》（GB 50205—2001）及《混凝土用膨胀型、扩孔型建筑锚栓》（JG 160—2004）的要求。

检查数量：全数检查。

检验方法：观察检查。

（2）一般项目

预制板类构件（含叠合板构件）安装的允许偏差应符合表 4-7 的规定。

检查数量：按楼层、结构缝或施工段划分检验批。在同一检验批内，对梁柱，应抽查构件数量的 10%，且不少于 3 件；对墙和板，应按有代表性的自然间抽查 10%，且不少于 3 间；对大空间结构，墙可按相邻轴线间高度 5m 左右划分检查面，板可按纵、横轴线划分检查面，抽查 10%，且均不少于 3 面。检查方法：用钢尺和拉线等辅助量具实测。

预制梁、柱安装的允许偏差应符合表 4-7 的规定。

检验方法：用钢尺和拉线等辅助量具实测。

预制构件安装允许偏差及检验方法　　　　**表 4-7**

项　　目			允许偏差(mm)	检验方法
构件轴线位置	竖向构件(柱、墙板、桁架)		8	经纬仪及尺量
	水平构件(梁、楼板)		5	
标高	梁、柱、墙板 楼板底面或顶面		±5	水准仪或拉线、尺量
构件垂直度	柱、墙板安装后的高度	≤6m	5	经纬仪或吊线、尺量
		>6m	10	

续表

<table>
<tr><th colspan="3">项　　目</th><th>允许偏差
(mm)</th><th>检验方法</th></tr>
<tr><td>构件倾斜度</td><td colspan="2">梁、桁架</td><td>5</td><td>经纬仪或
吊线、尺量</td></tr>
<tr><td rowspan="4">相邻构件
平整度</td><td rowspan="2">梁、楼板
底面</td><td>外露</td><td>5</td><td rowspan="4">2m 靠尺和
塞尺量测</td></tr>
<tr><td>不外露</td><td>3</td></tr>
<tr><td rowspan="2">柱、墙板</td><td>外露</td><td>5</td></tr>
<tr><td>不外露</td><td>8</td></tr>
<tr><td>构件搁置长度</td><td colspan="2">梁、板</td><td>±10</td><td>尺量</td></tr>
<tr><td>支座、支垫
中心位置</td><td colspan="2">板、梁、柱、墙板、桁架</td><td>10</td><td>尺量</td></tr>
<tr><td colspan="3">墙板接缝宽度</td><td>±5</td><td>尺量</td></tr>
</table>

检查数量：按楼层、结构缝或施工段划分检验批。在同一检验批内，对梁柱，应抽查构件数量的 10%，且不少于 3 件；对墙和板，应按有代表性的自然间抽查 10%，且不少于 3 间；对大空间结构，墙可按相邻轴线间高度 5m 左右划分检查面，板可按纵、横轴线划分检查面，抽查 10%，且均不少于 3 面。

检验方法：用钢尺和拉线等辅助量具实测。

检查数量：每流水段预制墙板抽样不少于 10 个点，且不少于 10 个构件。

4. 预制构件节点与接缝验收

（1）主控项目

预制墙板拼接水平节点钢制模板与预制构件间、构件与构件之间应粘贴密封条，节点处模板应在混凝土浇筑时不应产生明显变形和漏浆。

检查数量：全数检查。

检验方法：观察预制墙板拼接部位是否有明显变形、是否有漏浆的隐患。

预制构件拼缝处防水材料应符合设计要求，并具有合格证及检测报告。必要时提供防水密封材料进场复试报告。

检查数量：全数检查。

检验方法：对所有进场的防水材料应随车检测本批次的合格证、检测报告，并及时对防水密封材料进行进场抽样检测。

密封胶打注应饱满、密实、连续、均匀、无气泡，宽度和深度符合要求。

检查数量：全数检查。

检验方法：观察密封胶施打部位是否饱满、密实、连续、均匀、无气泡，使用钢尺检查密封胶施打宽度和深度是否满足要求。

（2）一般项目

预制构件拼缝防水节点基层应符合设计要求。

检查数量：全数检查。

检验方法：对所有预制构件的拼缝处的基层进行检查，基层必须干净平顺，防水涂刷面应平整、顺直，无毛刺无孔洞等影响防水涂刷质量的瑕疵。

密封胶缝应横平竖直、深浅一致、宽窄均匀、光滑顺直。

检查数量：全数检查。

检验方法：观察所有密封胶缝是否横平竖直、深浅一致、宽窄均匀、光滑顺直。

防水胶带粘贴面积、搭接长度、节点构造应符合设计要求。

检查数量：全数检查。

检验方法：使用卷尺或其他测量工具对防水胶带粘结面积、搭接长度进行实测实量，检查节点构造是否与设计图纸一致。

预制构件拼缝防水节点空腔排水构造应符合设计要求。

检查数量：全数检查。

检验方法：对每一个构件的拼缝处进行观察检查，仔细查看空腔排水构造是否与设计图纸一致。

4.4 装配式混凝土结构分项工程子分部验收

1. 结构实体检验

对涉及结构安全的有代表性的部位宜进行结构实体检验，检验应在监理工程师见证下，由施工单位的项目技术负责人组织实施。承担结构实体检验的检测单位应具有相应资质。

结构实体检验的内容包括预制构件结构性能检验和装配式结构连接性能检验两部分；装配式结构连接性能检验包括连接节点部位的后浇混凝土强度、钢筋套筒连接或浆锚搭接连接的灌浆料强度、钢筋保护层厚度以及工程合同规定的项目；必要时可检验其他项目。

后浇混凝土的强度检验，应以在浇筑地点制备并与结构实体同条件养护的试件强度为依据。

后浇混凝土的强度检验，也可根据合同约定采用非破损或局部破损的检测方法，按国家现行有关标准的规定进行。

灌浆料的强度检验，应以在灌注地点制备并标准养护的试件强度为依据。

对钢筋保护层厚度检验，抽样数量、检验方法、允许偏差和合格条件应符合现行国家标准《混凝土结构工程施工质量验收规范》(GB 50204—2015) 的规定。

2. 结构实体钢筋保护层厚度检验

结构实体钢筋保护层厚度检验构件的选取应均匀分布，并应符合下列规定：

(1) 对悬挑构件之外的梁板类构件，应各抽取构件数量的 2%且不少于 5 个构件进行检验。

(2) 对悬挑梁，应抽取构件数量的 5%且不少于 10 个构件进行检验；当悬挑梁数量少于 10 个时，应全数检验。

(3) 对悬挑板，应抽取构件数量的 10%且不少于 20 个构件进行检验；当悬挑板数量少于 20 个时，应全数检验。

(4) 对选定的梁类构件，应对全部纵向受力钢筋的保护层厚度进行检验；对选定的板类构件，应抽取不少于 6 根纵向受力钢筋的保护层厚度进行检验。对每根钢筋，应选择有代表性的不同部位量测 3 点取平均值。

（5）钢筋保护层厚度的检验，可采用非破损或局部破损的方法，也可采用非破损方法并用局部破损方法进行校准。当采用非破损方法检验时，所使用的检测仪器应经过计量检验，检测操作应符合相应规程的规定。

钢筋保护层厚度检验的检测误差不应大于 1mm。

（6）钢筋保护层厚度检验时，纵向受力钢筋保护层厚度的允许偏差应符合表 4-8 的规定。

结构实体纵向受力钢筋保护层厚度的允许偏差　　表 4-8

构件类型	允许偏差(mm)	构件类型	允许偏差(mm)
梁	+10，−7	板	+8，−5

（7）梁类、板类构件纵向受力钢筋的保护层厚度应分别进行验收，并应符合下列规定：

1）当全部钢筋保护层厚度检验的合格率为 90%及以上时，可判为合格。

2）当全部钢筋保护层厚度检验的合格率小于 90%但不小于 80%时，可再抽取相同数量的构件进行检验；当按两次抽样总和计算的合格率为 90%及以上时，仍可判为合格。

3）每次抽样检验结果中不合格点的最大偏差均不应大于允许偏差的 1.5 倍。

当同条件养护的混凝土试件的强度检验结果符合现行国家标准《混凝土强度检验评定标准》（GB/T 50107—2010）的有关规定时，混凝土强度应判为合格；当未能取得同条件养护试件强度、同条件养护试件强度被判为不合格或钢筋保护层厚度不满足要求时，应委托具有相应资质等级的检测机构按国家有关标准的规定进行检测复核。

结构实体检验除应符合《混凝土强度检验　评定标准》（GB/T 50107—2010）外，尚应符合《混凝土结构工程施工质量验收规范》（GB 50204—2015）等相关的现行国家、行业标准的有关规定。

3. 结构实体位置与尺寸偏差检验

（1）结构实体位置与尺寸偏差检验构件的选取应均匀分布，并应符合下列规定：

1）梁、柱应抽取构件数量的 1%，且不应少于 3 个构件。

2）墙、板应按有代表性的自然间抽取 1%，且不应少于 3 间。

3）层高应按有代表性的自然间抽查 1%，且不应少于 3 间。

（2）对选定的构件，检验项目及检验方法应符合表 4-9 的规定，精确至 1mm。

结构实体位置与尺寸偏差检验项目及检验方法　　表 4-9

项目	检验方法
柱截面尺寸	选取柱的一边量测柱中部、下部及其他部位，取 3 点平均值
柱垂直度	沿两个方向分别量测，取较大值
墙厚	墙身中部量测 3 点，取平均值；测点间距不应小于 1m
梁高	量测一侧边跨中及两个距离支座 0.1m 处，取 3 点平均值；量测值可取腹板高度加上此处楼板的实测厚度
板厚	悬挑板取距离支座 0.1m 处，沿宽度方向取包括中心位置在内的随机 3 点取平均值，其他楼板，在同一对角线上量测中间及距离两端各 0.1 处，取 3 点平均值
层高	与板厚测点相同，量测板顶至上层楼板板底净高，层高测量值为净高与板厚之和，取 3 点平均值

（3）墙厚、板厚、层高的检验可采用非破损或局部破损的方法，也可采用非破损方法并用局部破损方法进行校准。当采用非破损方法检验时，所使用的检测仪器应经过计量检验，检测操作应符合国家现行相关标准规定。

（4）结构实体位置与尺寸偏差项目应分别进行验收，并应符合下列规定：

1）当检验项目的合格率为80%及以上时，可判为合格。

2）当检验项目的合格率小于80%但不小于70%时，可再抽取相同数量的构件进行检验，当按两次抽样总和计算的合格率为80%及以上时，仍可判为合格。

4. 装配式混凝土结构子分部工程验收

装配式混凝土结构工程按混凝土结构子分部工程验收时，应增加装配式混凝土结构分项工程的验收内容与要求。

装配式结构子分部工程验收时应提交下列资料和记录：

（1）工程设计单位已确认的预制构件深化设计图、设计变更文件；

（2）装配式结构工程施工所用各种材料及预制构件的各种相关质量证明文件；

（3）预制构件安装施工验收记录；

（4）钢筋套筒灌浆连接的施工检验记录；

（5）连接构造节点的隐蔽工程检查验收文件；

（6）后浇筑节点的混凝土或灌浆浆体强度检测报告；

（7）密封材料及接缝防水检测报告；

（8）分项工程验收记录；

（9）装配式结构实体检验记录；

（10）工程的重大质量问题的处理方案和验收记录；

（11）其他质量保证资料。

装配式混凝土结构子分部工程应在安装施工过程中完成下列隐蔽项目的现场验收：

（1）结构预埋件、钢筋接头、螺栓连接、套筒灌浆接头等；

（2）预制构件与结构连接处钢筋及混凝土的结合面；

（3）预制混凝土构件接缝处防水、防火做法。

装配式混凝土结构子分部工程施工质量验收合格应符合下列规定：

（1）有关分项工程施工质量验收合格。

（2）质量控制资料完整且符合要求。

（3）观感质量验收合格。

（4）结构实体检验满足设计及规范的要求。

当装配式混凝土结构子分部工程施工质量不符合要求时，应按下列规定进行处理：

（1）经返工、返修或更换构件、部件的检验批，应重新进行检验。

（2）经有资质的检测单位检测鉴定达到设计要求的检验批，应予以验收。

（3）经有资质的检测单位检测鉴定达不到设计要求，但经原设计单位核算并确认仍可满足结构安全和使用功能的检验批，可予以验收。

（4）经返修或加固处理能够满足结构安全使用要求的分项工程，可根据技术处理方案和协商文件进行验收。

装配式混凝土结构子分部工程施工质量验收合格后，应将所有的验收文件存档备案。

第 5 章　实 例 解 析

5.1　现浇混凝土结构验收实例

5.1.1　位置及尺寸偏差验收

现浇结构外观及尺寸偏差检验批质量验收记录见表 5-1。

现浇结构外观及尺寸偏差检验批质量验收记录　　　　表 5-1

单位(子单位)工程名称		分部(子分部)工程名称	主体结构/混凝土结构	分项工程名称	现浇结构
施工单位		项目负责人		检验批容量	
分包单位		分包单位项目负责人		检验批部位	
施工依据	《混凝土结构工程施工规范》(GB 50666—2011)		验收依据	《混凝土结构工程施工质量验收规范》(GB 50204—2015)	

	验收项目				设计要求及规范规定	最小/实际抽样数量	检查记录	检查结果
主控项目	1	外观质量			第 8.2.1 条	/		
一般项目	1	外观质量一般缺陷			第 8.2.2 条	/		
	2	轴线位置(mm)	整体基础		15	/		
			独立基础		10	/		
			墙、柱、梁		8	/		
	3	垂直度(mm)	层高	≤6m	10	/		
				>6m	12	/		
			全高(*H*)≤300m		*H*/30000+20	/		
			全高(*H*)>300m		*H*/10000 且≤80		/	
	4	标高(mm)	层高		±10	/		
			全高		±30	/		
	5	截面尺寸	基础		+15,−10	/		
			柱、梁、板、墙		+10,−5	/		
			楼梯相邻踏步高差		6	/		
	6	电梯井	中心位置		10	/		
			长、宽尺寸		+25,0	/		
	7	表面平整度(mm)			8	/		
	8	预埋件中心位置(mm)	预埋板		10	/		
			预埋螺栓		5	/		
			预埋管		5	/		
			其他		15	/		
	9	预留洞中心线位置(mm)			15	/		

施工单位检查结果	专业工长： 项目专业质量检查员： 年　月　日
监理单位验收结论	专业监理工程师： 年　月　日

5.1.2 位置及尺寸偏差验收方法

现浇结构位置及尺寸偏差验收主要通过实测实量的方式进行：

1. 实测实量定义

实测实量是指应用测量工具，如尺、秤、量杯、温度计、压力计以及电子、量子、光学仪器等工具通过实际测试、丈量而得到的能够真实反映物体属性相关数据的一种方法。

2. 实测实量内容

混凝土工程的实测实量分为以下五方面：(1) 截面尺寸偏差；(2) 表面平整度；(3) 墙体垂直度；(4) 顶板水平度极差；(5) 楼地面标高偏差。

3. 实测实量工具

混凝土工程实测实量常用工具如图 5-1～图 5-6 所示。

图 5-1 激光扫平仪（5 或 8 线）

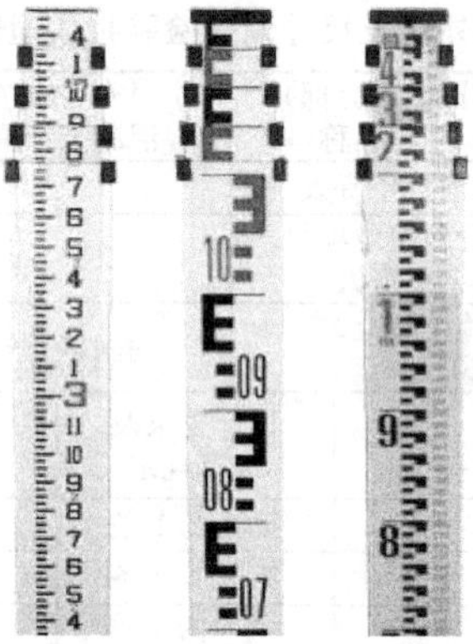

图 5-2 塔尺

图 5-3 激光测距仪

图 5-4 钢卷尺

图 5-5 靠尺

图 5-6 楔形塞尺

4. 实测实量操作方法

(1) 截面尺寸偏差

1) 合格标准：[−5，+10] mm。

2) 测量工具：5m 钢卷尺。

3) 测量方法。

① 以钢卷尺测量同一面柱截面尺寸，精确至毫米。

② 以每个柱为一个实测区，累计实测两个侧面作为 2 个计算点，分别记为 1、2 尺。

③ 每个面从地面向上 30cm 和 150cm 各测量截面尺寸 1 次，选取其中与设计尺寸偏差最大的数，作为判断该实测指标合格率的 1 个计算点（图 5-7）。

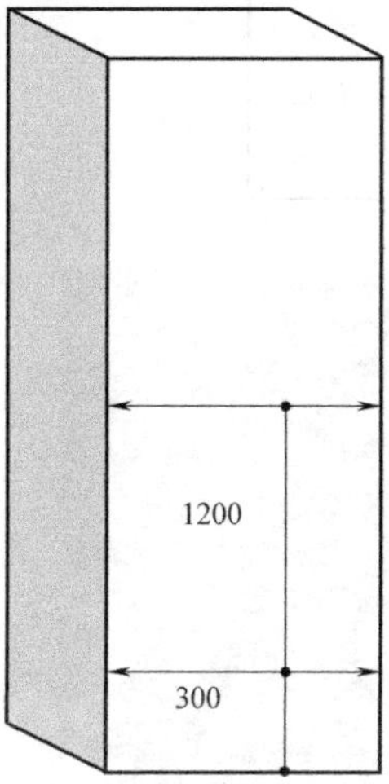

图 5-7　截面尺寸偏差测量

（2）表面平整度

1）合格标准：[0，8] mm。

2）测量工具：2m 靠尺、楔形塞尺。

3）测量方法

① 剪力墙/暗柱：选取长边墙，任选长边墙两面中的一面作为 1 个实测区。

② 同一面墙 4 个角（顶部及根部）中取左上及右下 2 个角。按 45°斜放靠尺，累计测 2 次表面平整度，这 2 个实测值分别作为该指标合格率的 2 个计算点，记为第 1、3 尺。

③ 在墙面中间离地约 20cm 处平放靠尺，测一次平整度，作为一个计算点，记为第 2 尺。

④ 当所选墙长度大于 3m 时，还需在墙长度及高度中间水平放靠尺测量 1 次表面平整度，作为一个计算点，记为第 4 尺。

⑤ 墙面有门窗、过道洞口的，在各洞口 45°斜交测两次，更大值作为判断实测指标合格率的 1 个计算点，记为第 5 尺。

⑥ 小于 600mm 混凝土柱及剪力墙短向可以不测表面平整度（图 5-8）。

（3）墙体垂直度

1）合格标准：[0，10] mm（层高≤6m）；[0，12] mm（层高>6m）。

2）测量方法

① 剪力墙：分别在长墙方向选择一面测量 3（2）次，针对 L 形及 T 形剪力墙，在短墙方向选择内面测量一次。

② 同一面墙距两端头竖向阴阳角约 30cm 位置，分别按以下原则实测 2 次：一是靠尺

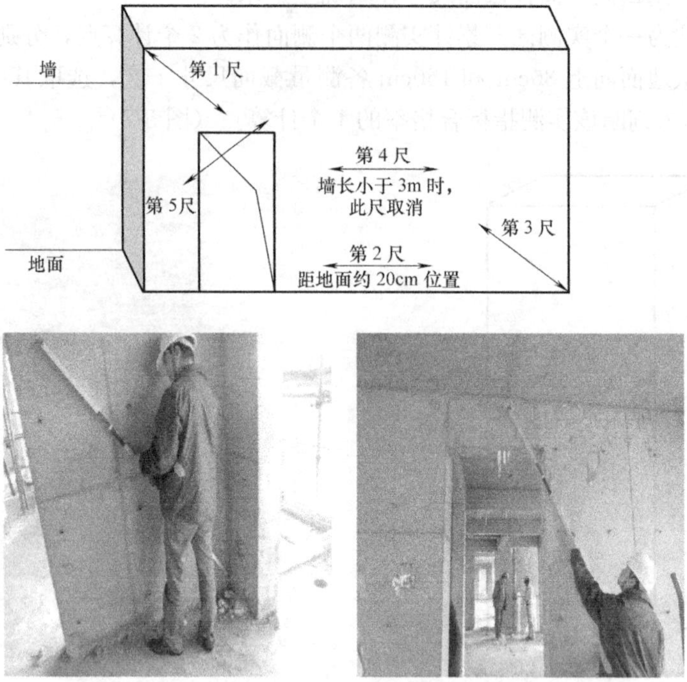

图 5-8 平整度测量示意

顶端接触到上部混凝土顶板位置时测 1 次垂直度，二是靠尺底端接触到下部地面位置时测 1 次垂直度。混凝土墙体洞口一侧为垂直度必测部位。这 2 个实测值分别作为 2 个计算点，记为第 1、3 尺。

③ 当墙长度大于 3m 时，在墙长度中间位置靠尺在高度方向居中时增测 1 次垂直度，也作为一个计算点，记为第 2 尺。

④ 短墙方向在墙高度及宽度中间位置测量一次，作为 1 个计算点，记为第 4 尺。

混凝土柱：任选混凝土柱四面中的两面，分别将靠尺顶端接触到上部混凝土顶板和下部地面位时各测 1 次垂直度。这 2 个实测值分别作为判断该实测指标合格率的 2 个计算点，记为第 1、2 尺（图 5-9）。

（4）顶板水平度极差

1）合格标准：水平度极差［0，15］mm。

2）测量工具：激光扫平仪、塔尺。

3）测量方法

① 同一功能房间混凝土顶板作为 1 个实测区，使用激光扫平仪，在实测板跨内打出一条水平基准线。同一实测区距顶板天花线约 30cm 处位置选取 4 个角点，以及板跨几何中心位（若板单侧跨度较大可在中心部位增加 1 个测点），分别测量混凝土顶板与水平基准线之间的 5 个垂直距离。

② 以最低点为基准点，计算另外四点与最低点之间的偏差。偏差值≤15mm 时实测点合格；最大偏差值≤20mm 时，5 个偏差值（基准点偏差值以 0 计）的实际值作为判断该实测指标合格率的 5 个计算点。最大偏差值＞20mm 时，5 个偏差值均按最大偏差值

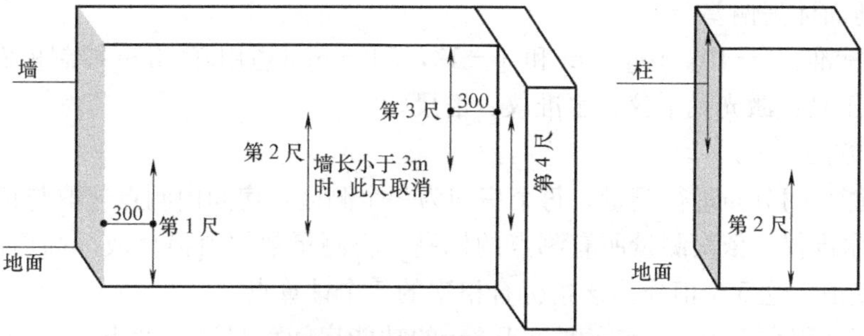

图 5-9　墙垂直度测量示意

计，作为判断该实测指标合格率的 5 个计算点合格率的 1 个计算点（图 5-10）。

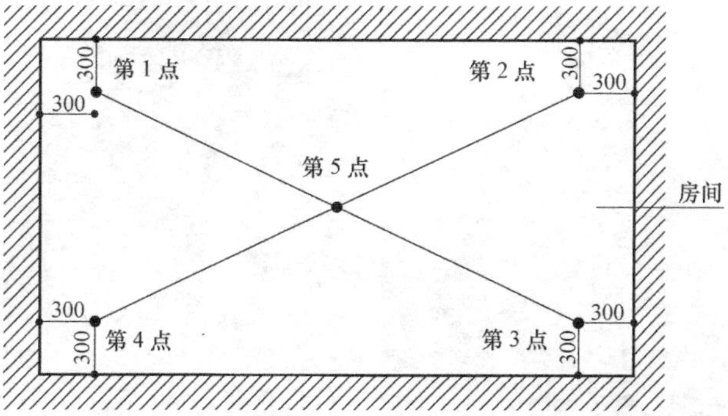

图 5-10　顶板水平度测量示意

(5) 楼地面标高偏差

1) 合格标准：[−10，10] mm 和 [−15，5] mm（适用降 5mm 控制板面的项目）。

2) 测量工具：激光找平仪、水准仪、塔尺。

3) 测量方法

① 按功能房间分布进行测量，每个房间为一个测区，房间内测点选取与顶板类似。

② 使用水准仪，依次测量所有测点的标高，将测量数据值换算成标高后减去设计标高得出其偏差值，这 5 个值作为该指标合格率的 5 个计算点。

③对房间面积小于 10m² 或宽度小于 2m 的功能房间可只测量两点，大部分墙板可按此，分别在长向的两边各取一点测量（图 5-11）。

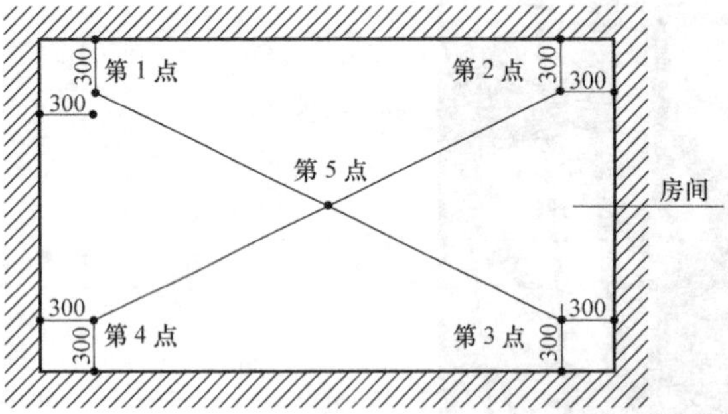

图 5-11 楼地面标高测量示意

(6) 混凝土轴线偏差

1) 合格标准：[0，8] mm。

2) 测量工具：红外经纬仪、5m 通线、点位板。

3) 测量方法

采用红外经纬仪（铅垂仪）在测区内架设，以首层基准点释放每层的基准点进行抽查，再使用每层墙体规方线引出每层的基准点，与释放的基准点进行核对，检查是否存在偏差（图 5-12）。

图 5-12 混凝土轴线偏差测量示意

一层剪力墙柱平整度、垂直度、截面尺寸符合设计和规范要求。

5.1.3 外观质量验收

外观质量验收见表 5-2。

外观质量验收 **表 5-2**

<table>
<tr><td colspan="3">检查内容</td><td colspan="20">检查方法</td></tr>
<tr><td rowspan="2">检查项目</td><td rowspan="2">缺陷描述</td><td rowspan="2">扣分标准</td><td colspan="20">抽取 20 个墙、柱(含墙体所对应的该房间的地面及顶板面),每面墙作为一个测区,每个测区均检查下述 12 个内容中可以检测的内容进行逐项检查,每发现一种缺陷,则按扣分标准进行相应的扣减分,每道墙体总分 5 分</td></tr>
<tr><td colspan="20">Q1～Q20</td></tr>
<tr><td rowspan="3">重大质量缺陷</td><td>露筋、狗洞、楼板面坑洼、有脚印等质量缺陷</td><td rowspan="5">出现任何一处扣5分</td><td></td><td></td><td></td><td></td><td></td><td></td><td></td><td></td><td></td><td></td><td></td><td></td><td></td><td></td><td></td><td></td><td></td><td></td><td></td><td></td></tr>
<tr><td>蜂窝、烂根、麻面(面积超过 $400cm^2$ 或拼缝、阳角漏浆长度超过 40cm)</td><td></td><td></td><td></td><td></td><td></td><td></td><td></td><td></td><td></td><td></td><td></td><td></td><td></td><td></td><td></td><td></td><td></td><td></td><td></td><td></td></tr>
<tr><td>裂缝(地面有收缩裂缝、顶板有裂缝或渗水)</td><td></td><td></td><td></td><td></td><td></td><td></td><td></td><td></td><td></td><td></td><td></td><td></td><td></td><td></td><td></td><td></td><td></td><td></td><td></td><td></td></tr>
<tr><td>结构变形</td><td>墙、柱、梁板出现目测可见的结构扭曲、变形、胀模等问题</td><td></td><td></td><td></td><td></td><td></td><td></td><td></td><td></td><td></td><td></td><td></td><td></td><td></td><td></td><td></td><td></td><td></td><td></td><td></td><td></td></tr>
<tr><td>上下层接槎</td><td>外墙、电梯井道、卫生间有错台或错台未打磨</td><td></td><td></td><td></td><td></td><td></td><td></td><td></td><td></td><td></td><td></td><td></td><td></td><td></td><td></td><td></td><td></td><td></td><td></td><td></td><td></td></tr>
<tr><td>夹渣</td><td>混凝土中夹杂有木屑、模板及其他杂物,混凝土表面粘有木皮、胶带等杂物</td><td rowspan="4">每出现一处扣2分</td><td></td><td></td><td></td><td></td><td></td><td></td><td></td><td></td><td></td><td></td><td></td><td></td><td></td><td></td><td></td><td></td><td></td><td></td><td></td><td></td></tr>
<tr><td>拼缝错台</td><td>拼缝错台在 2～10mm</td><td></td><td></td><td></td><td></td><td></td><td></td><td></td><td></td><td></td><td></td><td></td><td></td><td></td><td></td><td></td><td></td><td></td><td></td><td></td><td></td></tr>
<tr><td>一般缺陷</td><td>阳角、拼缝、根部等漏浆导致的蜂窝、麻面(面积 20～$400cm^2$、长度 5～40cm)</td><td></td><td></td><td></td><td></td><td></td><td></td><td></td><td></td><td></td><td></td><td></td><td></td><td></td><td></td><td></td><td></td><td></td><td></td><td></td><td></td></tr>
<tr><td>楼板收面缺陷</td><td>目测表面明显不平整,有裂纹;厨卫、阳台小降板处边缘破损严重、不整齐</td><td></td><td></td><td></td><td></td><td></td><td></td><td></td><td></td><td></td><td></td><td></td><td></td><td></td><td></td><td></td><td></td><td></td><td></td><td></td><td></td></tr>
<tr><td>缺棱掉角</td><td>阳角明显破损(约 3cm 以上)</td><td rowspan="3">每出现一处扣1分</td><td></td><td></td><td></td><td></td><td></td><td></td><td></td><td></td><td></td><td></td><td></td><td></td><td></td><td></td><td></td><td></td><td></td><td></td><td></td><td></td></tr>
<tr><td>混凝土结构外露钢钉等</td><td>混凝土结构外露钢钉、铁丝等未清理干净、未做防锈处理</td><td></td><td></td><td></td><td></td><td></td><td></td><td></td><td></td><td></td><td></td><td></td><td></td><td></td><td></td><td></td><td></td><td></td><td></td><td></td><td></td></tr>
<tr><td>轻微麻面</td><td>表面有缺浆或小凹坑与麻点,形成粗糙面但无钢筋外露</td><td></td><td></td><td></td><td></td><td></td><td></td><td></td><td></td><td></td><td></td><td></td><td></td><td></td><td></td><td></td><td></td><td></td><td></td><td></td><td></td></tr>
<tr><td>合计得分</td><td colspan="2"></td><td></td><td></td><td></td><td></td><td></td><td></td><td></td><td></td><td></td><td></td><td></td><td></td><td></td><td></td><td></td><td></td><td></td><td></td><td></td><td></td></tr>
</table>

某工程首层拆模后成型质量及观感质量规范要求如图 5-13～图 5-24 所示。

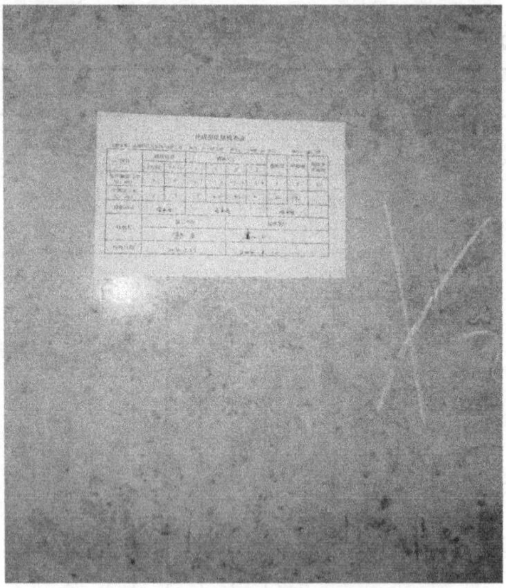

图 5-13　一层剪力墙柱平整度、垂直度、截面尺寸符合设计和规范要求

图 5-14　悬挑板及墙、柱成型质量符合设计和规范要求

图 5-15　空调板成型质量符合设计和规范要求

图 5-16　楼梯成型质量符合设计和规范要求

图 5-17　墙、柱成型质量符合设计和规范要求

图 5-18　柱、梁板交接处成型质量符合设计和规范要求

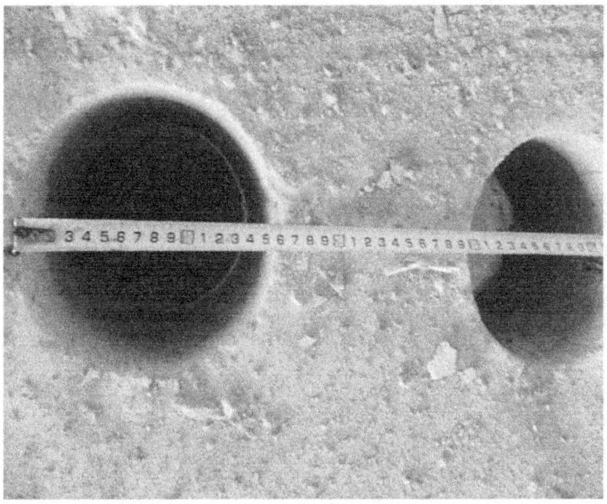

图 5-19　预留洞口符合设计要求尺寸且洞口成型效果较好

图 5-20　预埋符合设计要求尺寸且成型效果较好

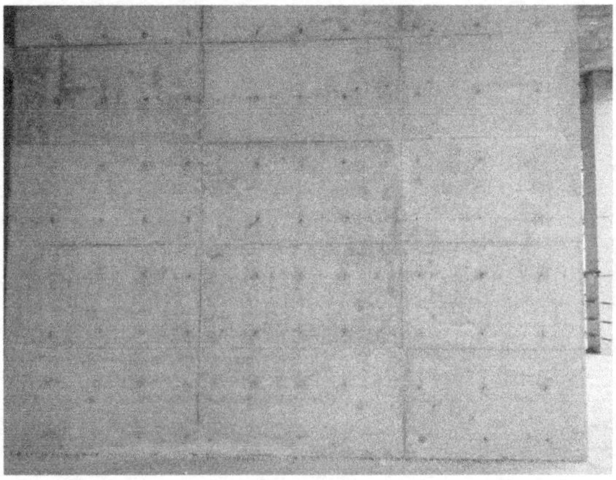

图 5-21　剪力墙成型质量符合设计和规范要求

图 5-22　降板位置的梁、板成型质量符合设计和规范要求

图 5-23　降板位置的梁、板观感质量符合要求

图 5-24　剪力墙角成型质量符合要求

5.2　装配式混凝土结构验收实例

装配式结构连接部位及叠合构件浇筑混凝土之前，应进行隐蔽工程验收。隐蔽工程验收应包括下列主要内容：

（1）混凝土粗糙面的质量，键槽的尺寸、数量、位置；

（2）钢筋的牌号、规格、数量、位置、间距，箍筋弯钩的弯折角度及平直段长度；

（3）钢筋的连接方式、接头位置、接头数量、接头面积百分率、搭接长度、锚固方式及锚固长度；

（4）预埋件、预留管线的规格、数量、位置。

5.2.1　进场验收

预制构件进场验收流程如图 5-25 所示。

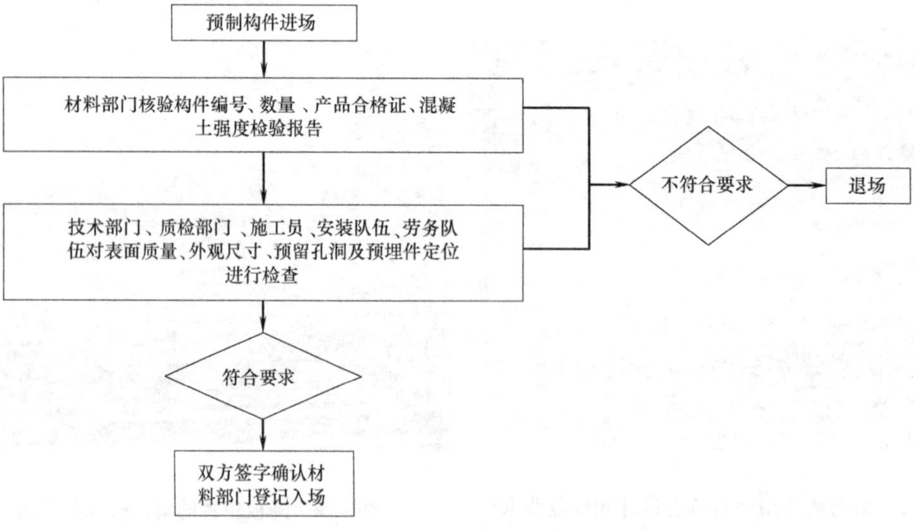

图 5-25　预制构件进场验收流程图

预制构件外观质量检测标准及允许偏差见表 5-3、表 5-4。

预制构件外观质量检测标准表 **表 5-3**

检查项目	检查内容	是否允许
漏筋	构建内钢筋未被混凝土包裹而外露	不允许
蜂窝	混凝土表面缺少水泥砂浆而形成石子外露	
孔洞	混凝土中孔穴深度和长度均超过保护层厚度	
夹渣	混凝土中夹有杂物且深度超过保护层厚度	
疏松	混凝土中局部不密实	
裂缝	缝隙从混凝土表面延伸至混凝土内部	
连接部位缺陷	构件连接处混凝土缺陷及连接钢筋、连接件松动	
外形缺陷	缺棱掉角、棱角不直、翘曲不平、飞边凸肋等	
外表缺陷	构件表面麻面、掉皮、起砂、玷污等	

预制构件的外观允许偏差表 **表 5-4**

项目			允许偏差(mm)	检验方法
长度	梁、板、柱、桁架	<12m	±5	尺量
		≥12m 且<18m	±10	
		≥18m	±20	
	墙板		±4	
宽度、高(厚)度	楼板、梁、柱、桁架		±5	尺量一端及中部，取偏差绝对值较大处
	墙板		±4	
表面平整度	楼板、梁、柱、墙板内表面		5	2m 靠尺和塞尺量测
	墙板外表面		3	
侧向弯曲	楼板、梁、柱		$L/750$ 且≤20	拉线、直尺量测，最大侧向弯曲处
	墙板、桁架		$L/1000$ 且≤20	
翘曲	楼板		$L/750$	调平尺在两端量测
	墙板		$L/1000$	
对角线	楼板		10	尺量两个对角线
	墙板		5	
预留孔	中心线位置		5	尺量
	孔尺寸		±5	
预留洞	中心线位置		10	尺量
	洞口尺寸、深度		±10	
预埋件	预埋板中心线位置		5	尺量
	预埋板与混凝土平面高差		0,−5	
	预埋螺栓		2	
	预埋螺栓外露长度		+10,−5	
	预埋套筒、螺母中心线位置		2	
	预埋套筒、螺母与混凝土平面高差		±5	
预留插筋	中心线位置		+10,−5	尺量
	外露长度		5	
键槽	长度、宽度		±5	尺量
	深度		±10	

5.2.2 吊装验收

吊装验收流程如图 5-26、图 5-27 所示，检验标准及允许偏差见表 5-5～表 5-7。

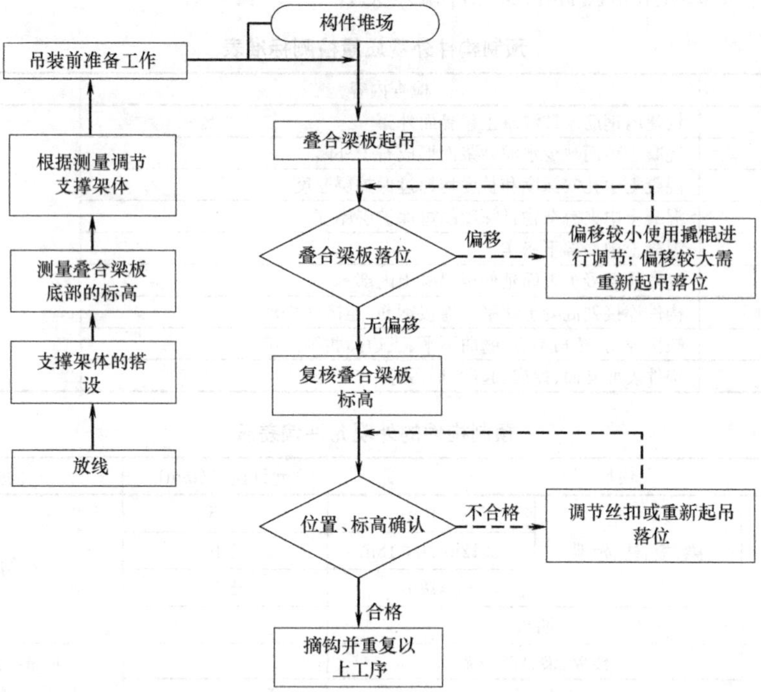

图 5-26　叠合梁、板吊装施工工艺流程图

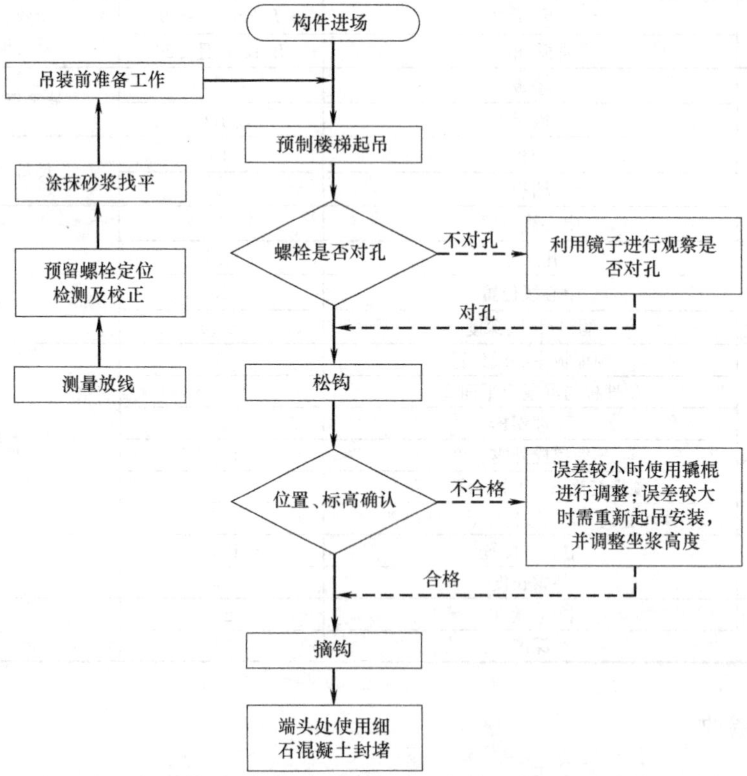

图 5-27　预制楼梯吊装施工工艺流程图

预制构件构件安装完成后的检查标准表 **表 5-5**

项目			允许偏差(mm)	检验方法
构件轴线位置	竖向构件(柱、墙板、桁架)		8	经纬仪
	水平构件(梁、楼板)		5	
标高	梁、柱、墙板楼板地面或顶面		±5	水准仪或拉线、尺量
构件垂直度	柱、墙板安装后的高度	≤6m	5	经纬仪或拉线、尺量
		>6m	10	
构件倾斜度	梁、桁架		5	经纬仪或拉线、尺量
相邻构件平整度	梁、楼板地面	外露	3	2m 靠尺和塞尺量测
		不外露	5	
	柱、墙板	外露	5	
		不外露	8	
构件搁置长度	梁、板		±10	尺量
支座、支垫中心位置	梁、板、柱、墙板、桁架		10	尺量
墙板接缝宽度			±5	尺量

装配式结构构件位置和尺寸允许偏差及检验方法 **有 5-6**

项目			允许偏差(mm)	检验方法
构件轴线位置	竖向构件(柱、墙板、桁架)		8	经纬仪及尺量
	水平构件(梁、楼板)		5	
标高	梁、柱、墙板楼板底面或顶面		±5	水准仪或拉线、尺量
构件垂直度	柱、墙板安装后的高度	≤6m	5	经纬仪或吊线、尺量
		>6m	10	
构件倾斜度	梁、桁架		5	经纬仪或吊线、尺量
相邻构件平整度	梁、楼板底面	外露	3	2m 靠尺和塞尺量测
		不外露	5	
	柱、墙板	外露	5	
		不外露	8	
构件搁置长度	梁、板		±10	尺量
支座、支垫中心位置	梁、板、柱、墙板、桁架		10	尺量
墙板接缝宽度			±5	尺量

预制构件轴线、垂直度、标高控制标准做法（“六控法”） **表 5-7**

序号	工艺流程	标准做法	做法说明及节点详图
1	测量放线	(1)平面控制线 楼面混凝土终凝后，总包方将控制点引测到楼层并弹出控制轴线，再由控制线弹出墙体四周边线、左右 300 控制线。每户需设十字控制线(可以与 300 线重合)，户内各房间 300 控制线与十字控制线需用细油漆三角形标示。 (2)标高控制线 要求在采用光井或电梯并处布设楼层标高控制点(线)，标示出楼层数和建筑标高。再由此向楼层内预制墙板引测弹出水平标高控制线(建筑 1m 线)	 预制墙板吊装前四周边线控制

续表

序号	工艺流程	标准做法	做法说明及节点详图
2	预制墙板安装	(1)楼层混凝土浇筑前预制墙板预埋吊点处预设墙板标高控制铁件，引测标高控制点确定铁件面标高并焊接固定。 (2)预制墙板吊装前对已预设的标高控制铁件进行标高复核，标高偏小可增加垫块，若标高偏大应割断预设铁件再重新设置炮点。 (3)吊装过程中严格对准四周边线进行预制墙板的轴线控制，对准到位后安装双支撑确保构件减少受外力扰动的影响，再进行构件双向垂直度控制，最后调节斜支撑，竖向方向的斜支撑应设两道，分别大约在 1m 和 1.7m 位置。 (4)预制墙板注浆前需重新检查所有构件的轴线、垂直度和标高避免因其他作业导致构件扰动而未及时纠正	 墙板标高控制铁件
3	叠合板安装	(1)叠合板板吊装作业前先支设三角支撑，根据墙板水平控制线调整支撑顶端标高。 (2)叠合板吊装时尽量减少对墙板构件的碰撞，安装完成后根据墙板水平控制线进行标高调整	 吊装过程中轴线的控制
4	隐蔽验收	(1)隐蔽验收前应再次检查叠合板标高及墙板垂直度和轴线。 (2)混凝土浇筑前必须完成注浆作业，以防止在浇筑混凝土时墙板扰动	 墙板垂直度控制
5	混凝土浇筑	混凝土浇筑过程中对正在施工的部位的叠合板标高和预制填充墙垂直度和轴线进行跟踪检查，发现偏差后应立即停止混凝土浇筑并采取整改措施	
6	上层施工时	叠合板现浇混凝土养护期符合要求，在上一层墙板安装过程中对下一层墙板垂直度、平整度和顶板的标高进行事后实测，检查各项指标是否符合要求。顶板标高应测量四个角点和一个中心点。若发现问题应立即停止上一层施工，直到查明原因并落实整改措施后方可继续施工	

装配式结构实装样板如图 5-28～图 5-31 所示。

图 5-28　装配式结构安装样板一

图 5-29　装配式结构安装样板二

图 5-30　装配式结构安装样板三

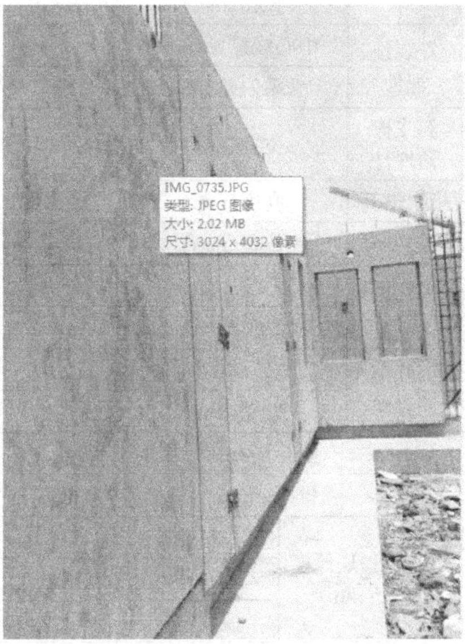

图 5-31　装配式结构安装样板四

附录　质量验收记录

钢筋工程检验批质量验收记录表　　　　**附表 1**

单位(子单位)工程名称			
分部(子分部)工程名称		验收部位	
施工单位		项目经理	
施工执行标准名称及编号			

施工质量验收规程的规定						施工单位检查评定记录	监理(建设)单位验收记录
主控项目	1	钢筋和品种、级别、规格和数量			符合设计要求		
	2	定位钢筋	中心线位置(mm)		2		
			长度(mm)		+3,0		
	3	安装预埋件	中心线位置(mm)		5		
			水平偏差(mm)		+3,0		
	4	斜支撑预埋件	位置(mm)		±10		
	5	桁架钢筋	高度(mm)		+5,0		
	6	连接钢筋	位置(mm)		±10		
一般项目	1	绑扎钢筋网	长、宽(mm)		±10		
			网眼尺寸(mm)		±20		
	2	绑扎钢筋骨架	长(mm)		±10		
			宽、高(mm)		±5		
	3	受力钢筋	间距(mm)		±10		
			排距(mm)		±5		
			保护层厚度(mm)	基础	±10		
				柱、梁	±5		
				板、墙、壳	±3		
	4	绑扎箍筋、横向钢筋间距(mm)			±20		
	5	钢筋弯起点位置(mm)			20		
	6	普通预埋件	中心线位置(mm)		5		
			水平高差(mm)		+3,0		

施工单位检查评定结果	专业工长(施工员)		施工班组长	
	项目专业质量检查员			年　月　日
监理(建设)单位验收结论				
	专业监理工程师(建设单位项目专业技术负责人)			年　月　日

预制构件进场检验批质量验收记录表 附表 2

单位(子单位)工程名称			
分部(子分部)工程名称		验收部位	
施工单位		项目经理	
施工执行标准名称及编号			

	序号	施工质量验收规程的规定		规定值	施工单位检查评定记录	监理(建设)单位验收记录
主控项目	1	预制构件合格证及质量证明文件		符合设计要求		
	2	预制构件标识		符合规范要求		
	3	预制构件外观严重缺陷		符合规范要求		
	4	预制构件预留吊环、焊接埋件		符合设计及规范要求		
	5	预留预埋件规格、位置、数量		符合设计及规范要求		
	6	预留连接钢筋	中心位置(mm)	3		
			外露长度(mm)	+5,0		
	7	预埋灌浆套筒	中心位置(mm)	2		
			套筒内部	未堵塞		
	8	预埋件(安装用孔洞或螺母)	中心位置(mm)	3		
			螺母内壁	未堵塞		
	9	与后浇部位模板接槎范围平整度(mm)		2		
一般项目	1	预制构件外观一般缺陷		符合规范要求		
	2	长度(mm)		±3		
	3	宽度、高(厚)度(mm)		±3		
	4	预埋件	中心线位置(mm)	5		
			安装平整度(mm)	3		
	5	预留孔、槽	中心位置(mm)	5		
			尺寸(mm)	+5,0		
	6	预留吊环	中心位置(mm)	5		
			外露钢筋(mm)	+10,0		
	7	钢筋保护层厚度(mm)		+5,−3		
	8	表面平整度(mm)		3		
	9	预留钢筋	中心线位置(mm)	3		
			外露长度(mm)	+5,0		

施工单位检查评定结果	专业工长(施工员)		施工班组长	
	项目专业质量检查员			年 月 日
监理(建设)单位验收结论				
	专业监理工程师(建设单位项目专业技术负责人)			年 月 日

预制板类构件（含叠合板构件）安装检验批质量验收记录表 **附表3**

<table>
<tr><td colspan="3">单位(子单位)工程名称</td><td colspan="14"></td></tr>
<tr><td colspan="3">分部(子分部)工程名称</td><td colspan="10"></td><td colspan="3">验收部位</td><td></td></tr>
<tr><td colspan="3">施工单位</td><td colspan="10"></td><td colspan="3">项目经理</td><td></td></tr>
<tr><td colspan="3">施工执行标准名称及编号</td><td colspan="14"></td></tr>
<tr><td colspan="4">施工质量验收规程的规定</td><td colspan="10">施工单位检查评定记录</td><td colspan="3">监理(建设)单位验收记录</td></tr>
<tr><td rowspan="3">主控项目</td><td>1</td><td>预制构件安装临时固定措施</td><td>符合方案要求</td><td colspan="10"></td><td colspan="3" rowspan="3"></td></tr>
<tr><td>2</td><td>预制构件螺栓连接</td><td>符合规范要求</td><td colspan="10"></td></tr>
<tr><td>3</td><td>预制构件焊接连接</td><td>符合规范要求</td><td colspan="10"></td></tr>
<tr><td rowspan="6">一般项目</td><td>1</td><td>预制构件水平位置偏差(mm)</td><td>5</td><td></td><td></td><td></td><td></td><td></td><td></td><td></td><td></td><td></td><td></td><td colspan="3" rowspan="6"></td></tr>
<tr><td>2</td><td>预制构件标高偏差(mm)</td><td>±3</td><td></td><td></td><td></td><td></td><td></td><td></td><td></td><td></td><td></td><td></td></tr>
<tr><td>3</td><td>预制构件垂直度偏差(mm)</td><td>3</td><td></td><td></td><td></td><td></td><td></td><td></td><td></td><td></td><td></td><td></td></tr>
<tr><td>4</td><td>相邻构件高低差(mm)</td><td>3</td><td></td><td></td><td></td><td></td><td></td><td></td><td></td><td></td><td></td><td></td></tr>
<tr><td>5</td><td>相邻构件平整度(mm)</td><td>4</td><td></td><td></td><td></td><td></td><td></td><td></td><td></td><td></td><td></td><td></td></tr>
<tr><td>6</td><td>板叠合面</td><td>未损害、无浮灰</td><td colspan="10"></td></tr>
<tr><td colspan="3" rowspan="3">施工单位检查评定结果</td><td colspan="3">专业工长(施工员)</td><td colspan="5"></td><td colspan="3">施工班组长</td><td colspan="3"></td></tr>
<tr><td colspan="14"></td></tr>
<tr><td colspan="4">项目专业质量检查员</td><td colspan="7"></td><td colspan="3">年 月 日</td></tr>
<tr><td colspan="3" rowspan="2">监理(建设)单位验收结论</td><td colspan="14"></td></tr>
<tr><td colspan="6">专业监理工程师
(建设单位项目专业技术负责人)</td><td colspan="6"></td><td colspan="2">年 月 日</td></tr>
</table>

预制梁、柱构件安装检验批质量验收记录表 附表 4

<table>
<tr><td colspan="2">单位(子单位)
工程名称</td><td colspan="13"></td></tr>
<tr><td colspan="2">分部(子分部)
工程名称</td><td colspan="8"></td><td colspan="4">验收部位</td><td></td></tr>
<tr><td colspan="2">施工单位</td><td colspan="8"></td><td colspan="4">项目经理</td><td></td></tr>
<tr><td colspan="2">施工执行标准
名称及编号</td><td colspan="13"></td></tr>
<tr><td colspan="4">施工质量验收规程的规定</td><td colspan="10">施工单位检查评定记录</td><td>监理(建设)单位验收记录</td></tr>
<tr><td rowspan="7">主控项目</td><td>1</td><td>预制构件安装临时固定措施</td><td>符合方案要求</td><td colspan="10"></td><td rowspan="7"></td></tr>
<tr><td>2</td><td>预制构件螺栓连接</td><td>符合设计要求</td><td colspan="10"></td></tr>
<tr><td>3</td><td>预制构件焊接连接</td><td>符合设计及规范要求</td><td colspan="10"></td></tr>
<tr><td>4</td><td>套筒灌浆机械接头力学性能</td><td>符合规范要求</td><td colspan="10"></td></tr>
<tr><td>5</td><td>套筒灌浆接头灌浆料配合比</td><td>符合设计要求</td><td colspan="10"></td></tr>
<tr><td>6</td><td>套筒灌浆接头灌浆饱满度</td><td>符合规范要求</td><td colspan="10"></td></tr>
<tr><td>7</td><td>套筒灌浆料同条件试块强度</td><td>符合设计及规范要求</td><td colspan="10"></td></tr>
<tr><td rowspan="7">一般项目</td><td>1</td><td>预制柱水平位置偏差(mm)</td><td>5</td><td></td><td></td><td></td><td></td><td></td><td></td><td></td><td></td><td></td><td></td><td rowspan="7"></td></tr>
<tr><td>2</td><td>预制柱标高偏差(mm)</td><td>3</td><td></td><td></td><td></td><td></td><td></td><td></td><td></td><td></td><td></td><td></td></tr>
<tr><td>3</td><td>预制柱垂直度偏差(mm)</td><td>3 或 $H/1000$ 的较小值</td><td></td><td></td><td></td><td></td><td></td><td></td><td></td><td></td><td></td><td></td></tr>
<tr><td>4</td><td>建筑全高垂直度(mm)</td><td>$H/2000$</td><td></td><td></td><td></td><td></td><td></td><td></td><td></td><td></td><td></td><td></td></tr>
<tr><td>5</td><td>预制梁水平位置偏差(mm)</td><td>5</td><td></td><td></td><td></td><td></td><td></td><td></td><td></td><td></td><td></td><td></td></tr>
<tr><td>6</td><td>预制梁标高偏差(mm)</td><td>3</td><td></td><td></td><td></td><td></td><td></td><td></td><td></td><td></td><td></td><td></td></tr>
<tr><td>7</td><td>梁叠合面</td><td>未损害、无浮灰</td><td colspan="10"></td></tr>
<tr><td colspan="2" rowspan="3">施工单位
检查评定结果</td><td colspan="2">专业工长(施工员)</td><td colspan="4"></td><td colspan="4">施工班组长</td><td colspan="3"></td></tr>
<tr><td colspan="13"></td></tr>
<tr><td colspan="3">项目专业质量检查员</td><td colspan="6"></td><td colspan="4">年 月 日</td></tr>
<tr><td colspan="2" rowspan="2">监理(建设)
单位验收结论</td><td colspan="13"></td></tr>
<tr><td colspan="4">专业监理工程师</td><td colspan="6"></td><td colspan="3">年 月 日</td></tr>
</table>

预制墙板构件安装检验批质量验收记录表

附表 5

<table>
<tr><td colspan="3">单位(子单位)
工程名称</td><td colspan="12"></td></tr>
<tr><td colspan="3">分部(子分部)
工程名称</td><td colspan="8"></td><td colspan="2">验收部位</td><td colspan="2"></td></tr>
<tr><td colspan="2">施工单位</td><td colspan="9"></td><td colspan="2">项目经理</td><td colspan="2"></td></tr>
<tr><td colspan="3">施工执行标准
名称及编号</td><td colspan="12"></td></tr>
<tr><td colspan="4">施工质量验收规程的规定</td><td colspan="10">施工单位检查评定记录</td><td>监理(建设)单位验收记录</td></tr>
<tr><td rowspan="7">主控项目</td><td>1</td><td>预制构件安装临时固定措施</td><td>符合方案要求</td><td colspan="10"></td><td rowspan="7"></td></tr>
<tr><td>2</td><td>预制构件螺栓连接</td><td>符合设计要求</td><td colspan="10"></td></tr>
<tr><td>3</td><td>预制构件焊接连接</td><td>符合设计及规范要求</td><td colspan="10"></td></tr>
<tr><td>4</td><td>套筒灌浆机械接头力学性能</td><td>符合规范要求</td><td colspan="10"></td></tr>
<tr><td>5</td><td>套筒灌浆接头灌浆料配合比</td><td>符合设计要求</td><td colspan="10"></td></tr>
<tr><td>6</td><td>套筒灌浆接头灌浆饱满度</td><td>符合规范要求</td><td colspan="10"></td></tr>
<tr><td>7</td><td>套筒灌浆料同条件试块强度</td><td>符合设计要求</td><td colspan="10"></td></tr>
<tr><td rowspan="7">一般项目</td><td>1</td><td>单块墙板水平位置偏差(mm)</td><td>5</td><td></td><td></td><td></td><td></td><td></td><td></td><td></td><td></td><td></td><td></td><td rowspan="7"></td></tr>
<tr><td>2</td><td>单块墙板顶标高偏差(mm)</td><td>±3</td><td></td><td></td><td></td><td></td><td></td><td></td><td></td><td></td><td></td><td></td></tr>
<tr><td>3</td><td>单块墙板垂直度偏差(mm)</td><td>3</td><td></td><td></td><td></td><td></td><td></td><td></td><td></td><td></td><td></td><td></td></tr>
<tr><td>4</td><td>相邻墙板高低差(mm)</td><td>2</td><td></td><td></td><td></td><td></td><td></td><td></td><td></td><td></td><td></td><td></td></tr>
<tr><td>5</td><td>相邻墙板拼缝空腔构造偏差(mm)</td><td>±3</td><td></td><td></td><td></td><td></td><td></td><td></td><td></td><td></td><td></td><td></td></tr>
<tr><td>6</td><td>相邻墙板平整度偏差(mm)</td><td>4</td><td></td><td></td><td></td><td></td><td></td><td></td><td></td><td></td><td></td><td></td></tr>
<tr><td>7</td><td>建筑物全高垂直度(mm)</td><td>H/2000</td><td></td><td></td><td></td><td></td><td></td><td></td><td></td><td></td><td></td><td></td></tr>
<tr><td colspan="3" rowspan="3">施工单位
检查评定结果</td><td colspan="3">专业工长(施工员)</td><td colspan="3"></td><td colspan="3">施工班组长</td><td colspan="3"></td></tr>
<tr><td colspan="12"></td></tr>
<tr><td colspan="4">项目专业质量检查员</td><td colspan="5"></td><td colspan="3">年 月 日</td></tr>
<tr><td colspan="3" rowspan="2">监理(建设)
单位验收结论</td><td colspan="12"></td></tr>
<tr><td colspan="5">专业监理工程师(建设单位项目专业技术负责人)</td><td colspan="4"></td><td colspan="3">年 月 日</td></tr>
</table>

预制构件节点与接缝检验批质量验收记录表 **附表 6**

<table>
<tr><td colspan="3">单位(子单位)
工程名称</td><td colspan="4"></td></tr>
<tr><td colspan="3">分部(子分部)
工程名称</td><td colspan="2"></td><td>验收部位</td><td></td></tr>
<tr><td colspan="3">施工单位</td><td colspan="2"></td><td>项目经理</td><td></td></tr>
<tr><td colspan="3">施工执行标准
名称及编号</td><td colspan="4"></td></tr>
<tr><td colspan="3">施工质量验收规程的规定</td><td colspan="3">施工单位检查评定记录</td><td>监理(建设)单位验收记录</td></tr>
<tr><td rowspan="3">主控项目</td><td>1</td><td>预制构件与模板间密封</td><td colspan="3"></td><td rowspan="3"></td></tr>
<tr><td>2</td><td>防水材料质量证明文件及复试报告</td><td colspan="3"></td></tr>
<tr><td>3</td><td>密封胶打注</td><td colspan="3"></td></tr>
<tr><td rowspan="4">一般项目</td><td>1</td><td>防水节点基层</td><td colspan="3"></td><td rowspan="4"></td></tr>
<tr><td>2</td><td>密封胶缝</td><td colspan="3"></td></tr>
<tr><td>3</td><td>防水胶带粘接面积、搭接长度</td><td colspan="3"></td></tr>
<tr><td>4</td><td>防水节点空腔排水构造</td><td colspan="3"></td></tr>
<tr><td colspan="2" rowspan="3">施工单位
检查评定结果</td><td>专业工长(施工员)</td><td></td><td>施工班组长</td><td colspan="2"></td></tr>
<tr><td colspan="5"></td></tr>
<tr><td colspan="2">项目专业质量检查员</td><td></td><td colspan="2">年　月　日</td></tr>
<tr><td colspan="2" rowspan="2">监理(建设)
单位验收结论</td><td colspan="5"></td></tr>
<tr><td colspan="2">专业监理工程师(建设单位项目专业技术负责人)</td><td></td><td colspan="2">年　月　日</td></tr>
</table>